おもしろパラドックス
古典的名作から日常生活の問題まで

Paradoxes
The Bedside Book of
From Illusions to Infinity: Adventures in the Impossible

おもしろパラドックス

古典的名作から日常生活の問題まで

ゲイリー・ヘイデン &
Gary Hayden

マイケル・ピカード【著】
Michael Picard

鈴木淑美【訳】

The BEDSIDE BOOK of Paradoxes by Gary Hayden & Michael Picard
Copyright © 2013 by Quid Publishing

Japanese translation rights arranged with
Quid Publishing c/o Quarto Publishing PLC
trough Japan UNI Agency, Inc., Tokyo

目次

はじめに──パラドックスとは何か……… 6

第1章 知っていること、信じていること……… 11

第2章 曖昧さとアイデンティティ……… 29

第3章 論理と真理……… 47

第4章 数学的パラドックス……… 67

第5章 確率のパラドックス……… 91

第6章 空間と時間……… 113

第7章 不可能性……… 133

第8章 決意と行動……… 149

索引：哲学者……… 166

索引……… 170

参考文献……… 172

はじめに ── パラドックスとは何か

　本書のテーマはパラドックス。読者のみなさんにはぜひ身を乗り出し、まごつき、楽しみ、頭を使って、困り果て、面白がり、イライラしていただきたい。ときにはその全部がいっぺんに味わえることもある。これこそまさにパラドックスだ。

　本書を読めば、古今東西で最も手ごわい問題に頭をかかえ、歴史上の偉大な思想家について深く理解できるようになるだろう。心配ご無用。予備知識がなくても楽しめるように工夫しているし、数学の天才でなくても数学や確率のパラドックスがわかるようになっている。目指したのは、哲学になじみがある人も、ない人も、同じように楽しめてイライラできる本だ。今まで哲学書を手にとったことがなくても、本書を読むと、プラトン、アリストテレス、デカルト、デイヴィット・ヒュームのような哲学者の業績を自分で掘り下げたくなるだろう。

パラドックスとはどういうものか

　普通、「パラドックス」といえば、自己矛盾をきたしていたり常識に反したりするように見えるがひょっとしたら正しいかもしれない……というような文のことだろう。このように意味をゆるくとるならば、へぇ！と驚くような結論や、直感とは違うことも一種のパラドックスと考えることができる。

　しかし哲学的にはどう定義されているだろうか。英国の哲学者、R・M・セインズベリーがうまく言い当てている。「パラドックスとは『容認できそうな前提から、容認できそうな判断をへてくだされた到底容認できそうもない結論』である」。

　本書では、その中間的な立場をとる。すなわち、パラドックスとは、〈確からしく思える推論に由来する、不合理で矛盾した、あるいは直感とあいいれない結論〉と考えたい。

　以下の章で取り上げるパラドックスには、シリアスな含みを持つものも多い。シリアスとはいっても、哲学的、数学的、科学的に重要であるという意味であり、面白味がないと思わないでいただきたい。

　だましの証明（68〜69ページ参照）や料金紛失トリック（70〜71ページ参照）のように、まったくシリアスではないパラドックスもたくさん登場する。厳密な意味でいえば、パラドックスといえるかどうか

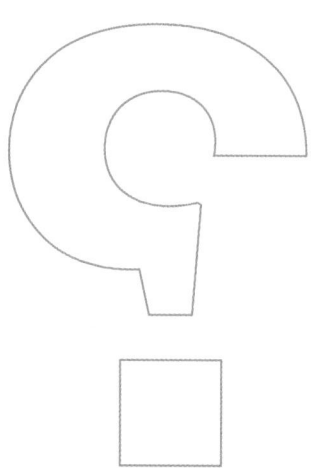

もあやしいだろう。もちろん「確からしく思える推論に由来する、不合理で矛盾した、あるいは直感とはあいいれない結論」という定義にてらせば、パラドックスに当てはまる。とはいえ、言葉の厳密な意味に固執する人にとっては、これがパラドックスとして扱われていることに異論をとなえたくなるかもしれない。しかし本書のトピックはそんなことを気にしていられないほど面白いものばかりだ。

ほかに本書にはどんなことが書かれているか、少し紹介しておこう。例えば、イタリアの科学者ガリレオ・ガリレイの証明。1、2、9、16、25といった平方数よりも、1、2、3、4、5といった自然数のほうが多く存在すると証明する一方で、平方数と自然数は、ほぼ同数であると証明している。

ガリレオのパラドックス（76～77ページ参照）をよく考えてみると、ガリレオの論拠はどちらの場合も正しい。自然数は平方数の数を上回ることを証明し、同様に、自然数は平方数を上回らない。それがパラドックスというものなのだ。

さらにもうひとつ。紀元前5世紀にエレアのゼノンが考案したもので、最速の走者であっても、最も遅い亀を決して追い越せないことを、とても簡潔に美しく証明した（116～117ページ参照）。もちろん、この証明は不合理である。走者が亀を追い越せることは間違いない。けれども、ゼノンの論証の問題点を指摘することが困難なのは、知ってのとおりだ。そんなわけで、2500年後の現在もあいかわらず議論の的になっているのである。

繰り返しになるが、本書では、クイズ番組の超難題をいともあざやかに解く方法から、世界を変える大発見までさまざまなパラドックスをとりそろえている。

本書の読み方

受け身では読んでほしくない。テキストに向き合えば向き合うほど、楽しみが増し、問題が理解しやすくなる。時々、ちょっと立ち止まり、じっくりと考えるようなコーナーもある。パラドックスの中には頭にしみついて離れず、気になってたまらなくなるものもあるから、注意してほしい。安眠妨害になってしまうかもしれない。

思考実験や頭の体操のような問題も用意されている。自分ひとりで考え込んだり腑に落ちたりすればいいというのでなく、家族や友達に試してみて、一緒に考えてもらったら楽しいだろう。

上質のパズルのように、イライラしながら面白がっていただくことを願っている。さあどうぞページをめくって、思考範囲を広げ、脳に負荷をかけ、何はさておき、大

はじめに　7

いに楽しんでいただきたい。

　初めのパラドックスに没頭する前に、この先何が出てくるのか、ちらっと見てみよう。本書は最初から最後まで通して読んでもいいが、そうしなければならないわけではない。順序どおり読めば、もちろん理解も深まるけれども、好きなページ、章から拾い読みしていただいてかまわない。パラドックスの多くは完全に自己完結しており、数分で読み終えられる。読んだ当日、それから1週間、1カ月、1年、あるいは一生涯にわたって脳の栄養となるのだ。

　さて、本編に入る前に、それぞれの章の内容を簡単に紹介しよう。

知っていること、信じていること

真実であると知っていること、あるいは知っていると少なくとも思っていることを疑うことからパラドックスへの航海ははじまる。

曖昧さとアイデンティティ

言語や思考のグレーゾーンを探り、曖昧さや同一性に絡む哲学の古典的なパラドックスを紹介する。

論理と真理

言及や帰属など、より抽象的で頭が痛くなるような話をする前に、もっとわかりやすく現実味のある問題にふれておこう。

数学的パラドックス
ややこしいパズルを少々、また一見すると直観とは異なる解を紹介してから、無限という驚きの世界にお連れしよう。

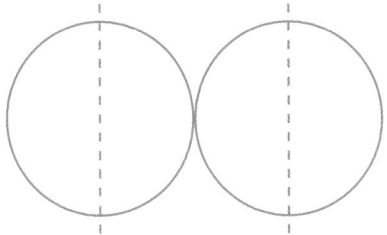

確率のパラドックス
実用数学に対する理解力がいかに弱いものかを明らかにし、人気クイズ番組を通じてブレーズ・パスカルの「神の存在を信じる論理的根拠」に話を進める。

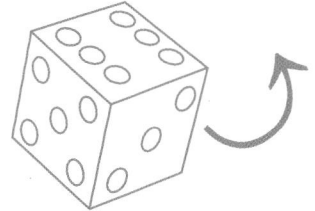

空間と時間
時間を分割していくと不思議なことが起こる。また、タイムトラベルの可能性によって妙な問題が起こるという話。

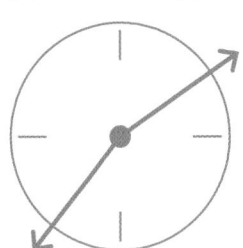

不可能性
不可能性とは、単に存在しえないということである。この章ではさらに深く考え、よく知られた錯覚から、神に不可能性はあるのかという問題まで取り上げる。

決意と行動
日常生活と密接なつながりがあるテーマだ。どのように決めるべきか、実際にどう行動すべきかは、パッと見わかりやすいと思うかもしれないが、掘り下げると面白い。

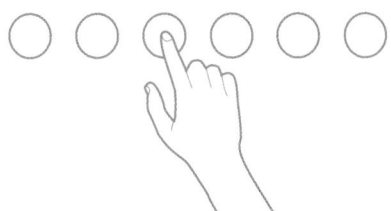

ところどころ、その章で扱ったテーマについて著名な研究をおこなった重要な哲学者や科学者のミニ特集記事をはさんでいる。巻末には、参考文献と哲学者を並べた索引をつけた。

第1章

知っていること、信じていること

「知っているようにみえる」ことは「知っている」ことと瓜二つ。何を知っているのか、何を知っているようにみえるのか。両者をきっちり区別することは難しい。その結果、「知っている」ことはどれも、ただ「知っているようにみえる」だけに思えてくる。「私たちは何を知っているのか？」なんて尋ねてはいけない。「知っているとはどういうことだろう？」「何かを『知る』って？」「知識って？」と問うようにしよう。本章では、鳥、蝶、宝くじやエメラルド、記憶や偽薬、夢について考える。現実について学ぶためではない。認識できるかできないかギリギリのところにあるパラドックスを楽しもうではないか。

信念に関する２つのパラドックス

　ある講演で、英国の哲学者Ｇ・Ｅ・ムーア（1873～1958年）が「外は雨が降っている。でも、私はそう信じない」というようなセリフの不条理について指摘した。ルートヴィヒ・ウィトゲンシュタイン（1889～1951年）はこれを聞いて、論述という行為に潜む逆説的な性質に衝撃を受けた。それこそがムーアの最も重要な哲学的発見だと考え、「ムーアのパラドックス」と名づけた。

　一見したところ、何が問題になるのかわかりにくい。この論述は確かにばかばかしいが、ばかばかしい論述ならいくらでもあるだろう。これの何がそんなに特別なのだろうか？

　まずひとつめの点からいこう。ムーアの示した論述の２つの命題がどちらも同時に正しい可能性は十分にある。「（１）外は雨が降っている」と「（２）私は、外は雨が降っていることを信じない」の２つは、どちらも問題なく可能である。ばかげたことはどこにもない。それぞれを主張してもばかばかしくは感じないだろう。それだけではなく、例えばこんな場合は２つを同時に主張してもおかしくない。「外は雨が降っている。でも、彼女は雨が降っていると信じない」のように第三者のこととしていえばいい。いや、自分のこととしていうこともできる。過去時制を使えばいいのだ。「外は雨が降っていた。でも、私は信じなかった」。

　つまりこれは、互いに対立しないにもかかわらず２つの命題を同時に主張できない、というパラドックスである。それ自体、矛盾していないのに、なぜ矛盾をきたすのか？

これまでの話を踏まえて、「雨が降っている。でも、私は信じない」というのがなぜ矛盾なのか。じっくり考えてみてから、読み進めてほしい。

こう考えたら？

ムーアのパラドックスの決定的な解法はない。最もよく知られているのは、ムーア本人の考え方と同じだが、「主張というものは暗に信念を示している」とみる方法だ。言い換えれば、「雨が降っている」という言葉には「雨が降っていることを、私は信じている」という信念が含まれる。そうなると、「雨が降っている。でも、私は信じない」という論述は、矛盾していることになる。「私は、雨が降っていることを信じている。でも、私はそう信じていない」といっているようなものだ。

プラシーボ・パラドックス

ムーアのパラドックスが示すように、信念はなかなかやっかいである。いかにややこしいか、別の証拠を説明しよう。ピーター・ケイブが作り出した、プラシーボのパラドックスである。

プラシーボそのものは薬ではない。効くと信じているから効くだけだ。病気を治すのは、プラシーボではなく「これを飲めば治る」と信じる気持ちである。それなら、もし、「自分は今プラシーボを服用している」と知っていたらどうなるだろう？ この場合、効果は出るまい。私が「効く」と信じるからこそ効くのである。とはいえ、効き目を信じるだけで病気が治る、と信じることはできない。

ムーアのパラドックスが思い出されるだろう。「効く」と信じるからプラシーボが効く、と信じることができる。さらにいえば、効くと信じただけでプラシーボが効いた、と信じることさえできる。とはいえ、プラシーボが効くと信じるだけで私の病気が治る、と信じることはできない。

 信じる意志

子どもの頃から20代後半まで、私（ゲイリー・ヘイデン）が通っていた教会では、「神様へのお祈り」で病気が治るとみな信じていた。しかし、悲しいことに何の効果もなかった。

奇跡が起きないのは信仰が足りないせいです、とよくいわれた。聖書にも「人々が不信仰だったので、そこではあまり奇跡をなさらなかった」（マタイによる福音書13：58）とある。

そのため、不信仰を改めようということになった。みな前より熱心に、お祈りを捧げたが、どうしようもなかった。神は私たちが奇跡を信じるまで奇跡を起こしてくださらない。でも、神が奇跡を起こしてくださらないと、私たちは奇跡を信じることができない。

こんな言い方をするのはちょっと皮肉がすぎたかもしれない。意思の力で、信仰だって獲得できるのではないだろうか。パスカルも、きっとそう思ったはずだ。（108〜109ページ参照）

第1章 知っていること、信じていること

Profile

ルネ・デカルト

「数年前、私は気づいた。子ども時代、どれほどたくさんの間違いを真実として受け入れてきたことか。それをもとに考えたことが、いかに疑わしいものか」

デカルト『省察I』

フランスの哲学者ルネ・デカルト（1596〜1650年）は、知的動乱の時代に生きた。当時、フランスの教育は教会が支配していた。教会が決めるカリキュラムは、聖書やアリストテレスといった古くからある権威的な学問に基づいており、新しいものの入る余地はなかった。

しかし、その一方で、近代科学の概念が登場しつつあった。近代科学では、自由な視点で調べ、直接観察することを重視する。その結果、昔から信じられていたこと——例えば太陽が地球のまわりを回っている——が覆されていった。

デカルトは一流の哲学者であり、数学者であり、科学者であった。そのおかげで、子どもの頃受けた教育の欠点にハッと気づいた。すでに間違いだとわかっていることも真実として教えられ、実際に受け入れてきたのだ。同じ過ちを二度と犯したくない。そこで、ゆるぎない土台を持つ科学的方法を構築しようと考えた。彼は自分をすぐれた建築家になぞらえた。崩れかけている古い知の殿堂を壊し、大磐石の礎に新しく建て直そう、というのである。

方法的懐疑

目的を達成するために、デカルトは方法的懐疑として知られる方法を使った。ほんの少しでも疑いが生じたら、長い間信じてきたことであってもすべて排除する。この方法をとれば、自分の知識は一点の曇りもないものになるだろう。それこそが新たな科学の基盤となりうる。

方法的懐疑には三段階が設けられている。段階が上がるごとに、排除すべき疑いはより高次になる。

第一段階：感覚への懐疑

「これまで私がこのうえなく真だと認めてきたものはどれも……感覚を介して得たものだ。ところが、感覚が誤っていると気づいたことが何度もある」

感覚は時々、間違える。例えば、月は地平線に近づくと実際より大きく見える。円い硬貨はある角度から見るとただ円形に見える。だから、私たちは、感覚を通して得たものを警戒しなければならない。

そうはいっても、見たものには確かに信頼できるものもある。あなたは、自分が今これらの言葉を読んでいることを疑えるだろうか。

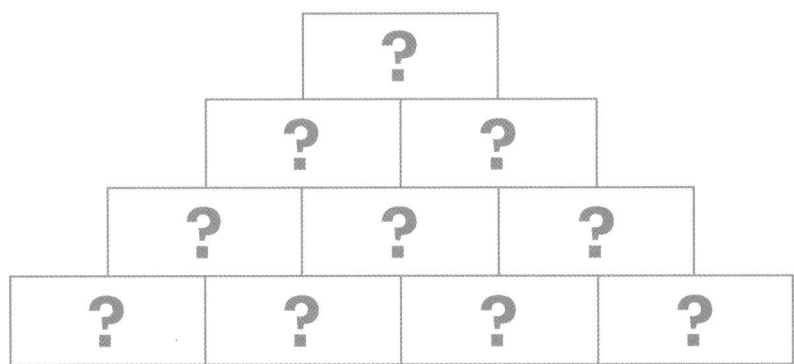

第二段階:夢の仮説

「そのとおりだ。しかし、私は夜眠り、夢の中でも目覚めているときと同じ体験をしているのではないか?」

こう考えなおしてみると、あなたが今ここにいてこの本を読んでいると信じるのは、間違いだということになる。つまるところ、夢を見ている可能性だってあるわけだ。それでも、今この瞬間、自分は夢でこの本を読んでいるのではなく、絶対に起きている!と言い切れるだろうか?

しかし、もし夢を見ているとしても、その夢には何かしらの現実に基づいていることは確かだ。確かに今、本を手にしてはいないかもしれないが、手や本のようなものは間違いなくそこにあるはずだ。そうでなければ、どうしてそんな夢を見るのだろう?

第三段階:邪悪な霊

「だから、私はこう考える。何か邪悪な霊がいると。強力で狡猾な霊で、ありとあらゆる手を使って私を欺こうとする」

しかし、たぶんすべて妄想だ。「邪悪な霊」が心を操り、現実に根ざさないあらゆることを信じさせようとしているのだ。

そこには、手と本、木や夕日、色や形のように、現実に存在するものはない。おそらく邪悪な霊は、これだけは絶対に確かだと感じていること、例えば1+1=2といったこともただの妄想だというだろう。

しかし、もしその可能性がある、と認めてしまったら、何かを確信することはできるのだろうか。懐疑をねじ伏せられることなどあるのだろうか。

われ思う、ゆえに…… ●

デカルトは本気で「邪悪な霊」が欺こうとしている云々といったわけではない。「誇張懐疑(方法的懐疑)」という方法を用いて、少しでも疑わしいものはすべて排除し、絶対に確実な真を得ようとしたのである。

そして、彼はあるものを発見した。疑うことができないのは、自身の存在である。なぜなら、考えたり、疑ったり、欺かれたりといったことは、存在してこそ起こり得るからだ。

「われ思う、ゆえにわれあり」。ついにゆるぎない土台を見つけたデカルトは、知識体系の建て直しを続けた。この過程は、著作『省察』に展開されている。

第1章 知っていること、信じていること 15

胡蝶の夢

　私（荘子）はかつて夢を見た。自分は蝶になってひらひらと舞っていて、蝶そのものだった。「蝶になった夢を見ているのだな」と私は自覚していた。本当は人間なのだ、ともわかっていた。そこで突然目が覚めた。見てみると、横になって寝ていた。そこで、わからなくなった。自分は「蝶になった夢を見た人間」なのか、それとも「人間になった夢を見ている蝶」なのか。

　この興味深いパラドックスは、中国の思想家、荘子の逸話だ。彼は、人間である自分が蝶になった夢を見た、という。他方、蝶である自分が人間になった夢を見ていることもありうる。それなのに、私たちは、「人間が蝶の夢を見ている」というほうがもっともらしいと思える。なぜだろう。

　人間として生きる時間は長い。それに対して蝶になった時間は、ほんのわずかにすぎない——多くの人はこう答える。しかし、短いから夢だ、といえるのだろうか？

人生は夢か

　荘子が「胡蝶の夢」を考えていたのは紀元前4世紀頃。ちょうど同じ頃、アテネではプラトン（紀元前428〜348年）が、基本的に同じ問題に取り組んでいた。

　プラトンは、対話篇『テアイテトス』の中で、師ソクラテスの言葉として次のようにいった。「眠っている時間と目覚めている時間が等しいとして、それぞれの時間に自分は確かに存在している、起こっていることはすべて真実である、と思うならば、その結果、私たちが起きている時間はひとつの現実、眠っている時間はもうひとつの現実だと考えてしまえる。どちらにしても私たちは強い確信を持ってそう主張している」

現実と非現実

　現実と非現実、正反対の2つのものがともに存在する可能性は、オーストリアの物理学者エルヴィン・シュレーディンガーによる思考実験「シュレーディンガーの猫」で取り上げられている。

　まず、ふたのついた箱の中に1匹の猫が入っているとする。箱の中の物質から有毒ガスが発生する仕組みになっている。量子力学の「コペンハーゲン解釈」によれば、非常に小さな粒子は、ひとつの決まった状態にあるのではなく、さまざまに可能性のある状態が重なりあって存在するという。そして観測されて初めて、ひとつの状態に決まるとされる。ここから、シュレーディンガーは奇怪な状況を推定した。箱を開けるまで猫は生きている状態と死んでいる状態が重なりあった状態にあるというのだ。この説は、量子レベルで考えることのおかしさを例示するものととらえられることが多い。

考えてみよう

おそらく、ソクラテスはただ悪戯のつもりでいったのだろうが、そこから非常に興味深い問いが提起されている。

- 私たちが「現実」と呼ぶものが夢ではないこと、「夢」と呼ぶものが現実ではないことを、いったいどうして確信できるだろう。

- 人生全体が夢だというなら、私たちが「夢」と呼ぶものは、夢の中の夢になるのか？

フランスの哲学者デカルト（14〜15ページ）は『省察』でこう書いている。「起きていることと、眠っていることを何か信頼できるしるしで見分けることなどできない、とよくわかった」。何か見逃したのだろうか？ 今自分が目覚めているのか、眠っているのかを見分ける、絶対確実な手段などあるだろうか。

ビートルズの夢

1970年代の後半、10代前半だった私はビートルズのファンになった。解散してもう10年近くが経っていた。だから、音楽は好きだが、どういう人かはほとんど知らなかった。

ある夜、夢の中で、テレビのドキュメンタリー番組を見ていた。ジョン、ポール、ジョージ、リンゴはポップスターであるだけでなく、リヴァプールF.C.に所属するサッカー選手なのだという。（今でもアンフィールドのピッチを駆け回る映像が目に浮かぶ）

おかしな話だが、何週間か経つと、あの話は夢だったのかそうでないのかがわからなくなった。ビートルズの4人がプロのサッカー選手だなんて、いかにも似合わない。でも、あの夢は——あれが夢だったとして——あまりにリアルだった。

その後、ビートルズがプロのサッカー選手ではなかったことを知った。今では、あれは夢だったのだとわかっている。

もちろん、彼らがサッカー選手でなかったという夢を見たのでなかったら、の話だが！

第1章 知っていること、信じていること

くじのパラドックス

　100万枚のくじがあり、公正な抽選がおこなわれるとしよう。手元のくじが当たりだったなんてことは、まずありえない。だから、引いてもハズレだと信じるのは理にかなっている。同じ理由はすべてのくじに当てはまる。したがって、当たりが1枚あるのは知っていながら、すべてのくじがハズレだろうと信じることも、あながち不思議なことではない。

　くじのパラドックスを見せられたとき、私たちは肩をすくめてさっさと忘れようとする。単なる言葉のトリックじゃないか。「手元のくじが当たりだったなんてことは、まずありえない」から「引いてもハズレだと信じるのは理にかなっている」へはずいぶん飛躍していて、控えめにいっても根拠が弱いように思われる。

　しかし、このパラドックスは多くの哲学的難問と同じく、突き詰めて考えるとなかなか面白い。もう少し深く掘り下げてみよう。

正当化された信念 ●

　信念を正当化するのに、どれくらいの確実性が必要だろうか。別の言い方をすると、間違いの可能性がどれくらいであれば、正当化された信念を持ち続けられるだろう。例えば、私は今、ベトナムのホーチミンにある喫茶店でダイエットコーラを飲みながら、これを書いている。私は、自分が飲んでいるのはダイエットコーラだと知っている。なぜならそう注文したし、ダイエットコーラの缶に入って運ばれてきたから。

　だから、私が「自分の飲んでるのはダイエットコーラに間違いない」と思っても当然で、その正当性を誰も否定できない。そうはいっても私が間違えている可能性はある。工場が誤って、私の缶に普通のコーラを入れたかもしれない。あるいは、サイゴンのこの喫茶店が、本物そっくりのダイエットコーラの缶に普通のコーラを入れたかもしれない。ダイエットコーラを飲む夢を見ているだけ、という可能性もある。(15〜17ページ参照)

　これらの間違いは、ほとんどありそうもない。その可能性を見積もってみよう。いっても「百万にひとつ」だ。この場合、私がダイエットコーラを飲んでいると信じる

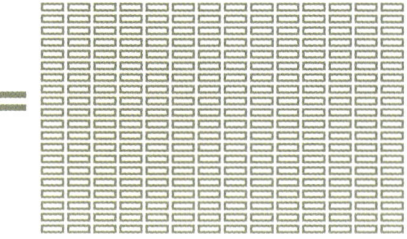

ことは正当化される。たとえ百万にひとつ間違う可能性があったとしても。

私がダイエットコーラを飲んでいない確率は百万にひとつで、これはちょうど、当たりくじを引く確率と同じだ。私がダイエットコーラを飲んでいると信じることは正当化される。それなら、くじはハズレだと信じることも正当化されるべきだろう。

今なら、くじのパラドックスを見て「なるほど！」とうなずくだろう。結局、当たりくじが必ず1枚はあると知っていても、自分の引いたくじがハズレだと信じるのはあたりまえなのだ。このように、私たちが持つ信念は互いに矛盾しているが、それでも見たところ正当化される。

くじのパラドックスには、2つの可能な反応がある。どちらが心に響くだろう。

1つ目は「自分が引いたくじはハズレだと知っている」ことを否定してみる。パラドックスの展開とは逆に、自分のくじがハズレだと信じるに足る正当性はない。そして実際、誰もそんなことを思ってはいないのだ。どのくじにも当たる可能性があることを知っている。それがどんなに小さくても。さもなければ、くじを買うわけがない。

これは、パラドックスをきちんと解決している。同時に疑問も湧く。「私は今、ダイエットコーラを飲んでいると知っている」といえるのに「このくじはハズレだと知っている」といえないのはなぜなのか。間違う可能性は同じではないというのだろうか？

「知っている」「知っていない」というときの基準を厳密にしてみよう。くじのパラドックスは、たとえ間違う可能性があるとしても信念は正当化される、という仮説に基づいている。だから、パラドックスを避けるなら、ルールを厳密にすることだ。間違う可能性がないときに初めて、信念が正当化されうる、と考えればいい。

こうすればパラドックスを避けられる。しかし失うものも大きい。私たちが本当に知っていることなんてほとんどないことになってしまう。この考えは、デカルトの思想（14〜15ページ）にも関連している。

第1章　知っていること、信じていること　19

Profile

デイヴィッド・ヒューム

スコットランドの哲学者、デイヴィッド・ヒューム（1711〜1776年）は、史上最も偉大な哲学者のひとりだ。彼が強い関心を示したのは、哲学者のいう「認識論的懐疑」──すなわち、私たちは何を知りうるか、いかに知りうるのか、という疑問である。

『人間本性論』と、死後に発表された『自然宗教に関する対話』を初め、彼の著作は、おおいなる影響力を持ち、読むたびに喜びを味わわせてくれる。

概念の関係と事実の問題

「動機または探究の対象となる知識は、2種類（すなわち概念の関係と事実の問題）に分けられる」。

ヒュームによると、人間が探求しうる分野は2つ──2つのみ──概念の関係と事実の問題だという。

算数、幾何学、代数学などは概念の関係と関わりがある。「2＋3＝5」のような算数は、単に、数字同士の関係を表したものであり、純粋な思考のプロセスとして知られ、理解されている。同様に、「三角形の内角の和は180度である」のような幾何学の命題は、「角度」や「三角形」といった概念同士の関係を表している。これは、絶対的に確かに真である。否定すると矛盾が生じる。2＋3＝5を否定するのは、単なる間違いではなく、明らかに不条理だ。

一方、事実の問題は、ただの概念についての説明ではない。「太陽は月より大きい」「石を落とすと大地になる」「このインクは黒だ」などだが、こうした問題の真偽を立証するには、実際に世界で物事がどうなっているのかを調べるしかない。抽象的、哲学的な思索では、「このインクは黒だ」の真偽は証明できない。

思考によって証明できる概念の関係と違って、この手の問題は証明が難しい。絶対的に確かだとは言い切れない。わずかであれ、間違えている可能性は常にあるのだ。（14〜17ページ参照）

ヒュームのフォーク

繰り返しになるが、ヒュームによると、人間の探究しうる分野は、概念の関係と事実の問題のみになる。これはある重要な原理につながる。「ヒュームのフォーク」といわれることも多い原理である。

何かしらの知識を示されると、私たちは自身に2つの問いを投げかける。「概念の

関係から引き出されたものだろうか」「経験に基づく事実を示しているのか」。どちらにも当てはまらなかったら深い知識だと思ったとしても、考える価値がない。

このシンプルながら力強い洞察によって、ヒュームは、神の本性や霊魂の存在といった抽象的哲学的思索を拒絶した。「何の本でもいい、例えば神学や形而上学の本を手に持っているとする。聞いてみよう。『それには量や数に関する観念的な論理が書いてありますか』『いいえ』『事実や存在の問題についての、実験的論理が書いてありますか』『いいえ』『それなら燃やしてしまいなさい。そんな本に書かれているのは、詭弁と幻想だけです』」。

帰納法の問題

ヒュームの哲学に対する最も重要な貢献のひとつは、帰納法の問題を明らかにしたことだ。以来、哲学者たちはこの問題に悩み、戸惑い、頭をかかえてきた。

因果律は、個々の事例から一般的な結論を引き出す論法である。例えば、たくさんの白鳥を見てそれがみんな白いと、帰納法では「すべての白鳥は白い」という結論が引き出される。また、帰納法は、過去の経験から未来を予測するのにも使われる。これまで毎朝太陽が昇ってきたので、「明日も太陽は昇る」と予測できる。

帰納法がなければ、毎日やっていけないだろう。食事をとって栄養が得られる、と予想することもないし、水を飲めばのどの渇きがやせる、火を起こせば暖まる、と予想することもないだろう。

しかし、帰納法は100パーセント信頼できるものではない。白い白鳥がいくらたくさんいたとしても、黒いものがいないという保証にはならない。太陽はこれまで毎朝昇ってきたけれども、だから明日も昇ると証明することはできない。

帰納法の問題は、未来は当然、過去のように起こるものだと考えるところにある。けれども、そんな保証はない。確かに、そうなるだろうと思ってはいるが、筋の通った主張で正当化することはできない。

時に人は、「いつもそれでうまくいっていたから」という理由で帰納法を正当化しようとする。しかし、ここで大きな疑問が生じる。未来は過去のように起こる、という信念は「これまでいつもそうだったから」では正当化できないではないか！

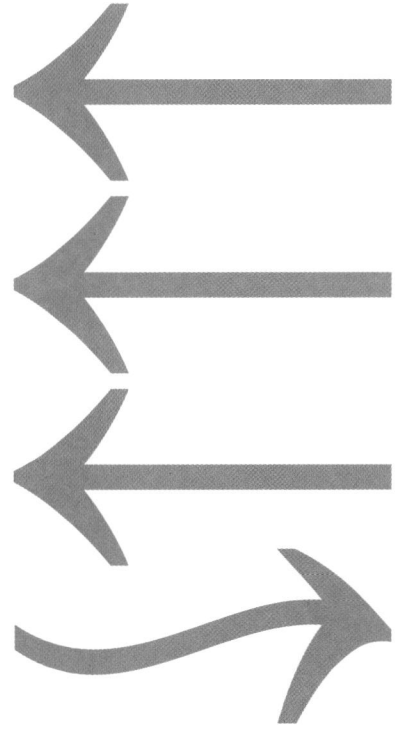

第1章 知っていること、信じていること

屋内の鳥類学

　このパラドックスは、ドイツ生まれの科学哲学者、カール・ギュスターヴ・ヘンペル（1905～1997年）によって考えられた。「ヘンペルのパラドックス」「レイヴンのパラドックス」「カラスのパラドックス」など、いろいろな名前で呼ばれている。

カラスを数える

　科学者のマーサは「すべてのカラスは黒い」という仮説を検証したいと思い、カラスを探して調べることにした。カラスを見つけ、黒いと確認するたびに、自分の立てた仮説は正しいのだ、と少しずつ確信を深めていった。これは標準的な帰納法だ。(21ページ参照)

　黒いカラスを見つけると、マーサの仮説が確かめられたことになる。正しいと確認できる例が増えれば増えるほど、仮説は確実になる（もちろん、青や緑、黄色、白色のカラスがいないとしたうえでの話だが）。話はここから面白くなってくる。

屋内の鳥類学

　「すべてのカラスは黒い」という命題は「すべての黒くないものはカラスではない」という命題と同値だ。つまり、両方ともまったく同じことをいっている。

　だから、「すべての黒くないものはカラスではない」ということを確認するたびに、「すべてのカラスは黒い」ことの確認例とみなさなければならないことになる。一見問題なさそうに思えるが、実はこれが面倒な結果を生む。以下で説明しよう。

　青いペンは、黒くないしカラスでもない。だからもちろん、「すべての黒くないものはカラスではない」ことの確認例になる。しかしこれは、「すべてのカラスは黒い」ことの確認例にもなるわけだ。科学者のマーサにとっては良いことだろう。雨の日でも、快適なオフィスに居ながらにして鳥類学の調査ができるのだから。机の上の青いペンが「すべてのカラスは黒い」ことを確認してくれる。銀色のクリップも、便箋も、黄色の色鉛筆も、透明なプラスチック定規も、みんなそうだ。

カラスのパラドックス

　それでもやっぱり、これはパラドックスなのだ。青いペンは「黒くないものはカラスではない」ことの確認例であり、これは論理的に同じである「すべてのカラスは黒い」ことを確認している。しかし、これはばかげている。カラスの色についての仮説に、青いペンがどうして論拠になりうるのか？

　こうして、帰納法で考えるとつまずいてしまう。帰納法の問題が浮かび上がってくるのである。

　よくある解決案のひとつは、すべての黒くない、カラスではないものを調べて、「すべてのカラスは黒い」ことを確認しよう、

考えてみよう

マーサは屋外で、調査を指揮している。偶然、複数のカラスの死体に出くわした。その中にカラスのような白い鳥がいる。ぎょっとした。震える指で双眼鏡を持って、鳥に焦点を合わせた。カラスではない、同じくらいの大きさの別の鳥であった。マーサは安心した。

- マーサの調査で、一緒にいた黒いカラス全部より、たった一羽の白い鳥のほうが重要だったのはなぜ？
- マーサが発見した白い鳥がカラスではなかったことは、「すべてのカラスは黒い」という仮説を裏づけるのに役に立っているか？

というものだ。そんなことをして得られる確証なんて、ほんのわずかだ。黒くないものの数は、カラスの数よりどれだけ多いことか！

この案にもおそらくは見るべきところがある。世界中の黒くないものをすべて調べるとして、それがすべてカラスでないとすれば、確かに「すべてのカラスは黒い」ことの確証を得られる。

この議論でわかったことは、仮説を正当化するには、ただ確認できる例を積み上げるだけでは足りないということだ。前提となる知識も、私たちの観察を誘導する。

例えば、もしマーサの仮説が彼女の家から近距離の範囲内で検証されたにすぎなかったら、真剣に受けとめられることはないだろう。信用できるものにするためには、カラスにはたくさんの種類があり世界のさまざまな地域に生息していること、環境への適応のしかたはそれぞれ異なることを、考慮に入れなければならない。

もし、「北極ガラス」という種類がいたら（実際にはいないが）、当然白いカラスを想像する。この場合、「すべてのカラスは黒い」という仮説を確かめるため、北極まで行く必要があるのではないか。

第1章 知っていること、信じていること

グルーな問題

帰納法は具体的なひとつひとつの観察から一般論を引き出す考え方だ。そうはいっても、帰納法は間違えることがある。ここに帰納法のもうひとつの問題がある。

科学と帰納法

科学者は帰納法を用いて理論を公式化する。実際、帰納法がなければ、科学はありえないだろう。例えば、試験管に詰まった水素が「ポン！」と燃えることは無数の例で観察されている。このことから、水素の燃え方について一般化することはできる。標準的な水素の実験だ。

しかし、帰納法の問題（21ページ）とカラスのパラドックス（22〜23ページ）でみたように、帰納法が決して間違えないわけではない。そこに追い打ちをかけるように、古くていいかげんな帰納法にさらなる問題がのしかかった。アメリカの哲学者ネルソン・グッドマン（1906〜1998年）がつきつけた挑戦状、「帰納法の新たな謎」、つまり「グルーのパラドックス」である。

エメラルドは緑色かグルーか

「グルー」は造語だ。その定義は次の通り。
（1）もしそれが、2020年より前に観測され、緑色をしていたらグルーだ。
（2）もしそれが、2020年以降に観測され、青色をしていたらグルーだ。

仮に、2020年より前に、非常にたくさんのエメラルドが観測され、みんな緑色だったとしよう。この結果は、「すべてのエメラルドは緑色だ」という仮説を証明している。だから私たちは、2020年以降に観測されるエメラルドはどれも緑色だということを予言できる。

ところが、同じ観測結果が「すべてのエメラルドはグルーだ」という仮説の証明にもなる。だから、私たちは、2020年以降に観測されるエメラルドはどれもグルーだと予言することもできてしまう。

これは問題だ。帰納法を用いて、2020年以降に観測されるエメラルドは緑色だと予言できる一方で、同じ帰納法を用いて、

2020年以降に観測されるエメラルドはグルーだと予言できるからだ。

ヒュームの「帰納法への懐疑論」だけでなく、グッドマンの「帰納の新しい謎」が加わったことになる。これは、同じ証拠から帰納法を使ってまったく違う予言を導き出せることを示している。

グルーではどうしていけないか ●

この仮説が両方とも正しいはずがない。「すべてのエメラルドは緑色だ」でありながら、同時に「すべてのエメラルドはグルーだ」ということはありえない。

明らかに、緑色の仮説はもっともである。グルーの仮説のほうが正しい、なんてばかげている。それなのになぜ？「すべての観測したエメラルドは緑色だ。だから、すべてのエメラルドは緑色だ」であって、一方の「すべての観測したエメラルドはグルーだ。だから、すべてのエメラルドはグルーだ」がばかげているのはいったいどうしてなのか。考えてから、読み進めてほしい。

グッドマンの謎に対する常識的な反応は、グルーは単なる造語で、不自然で、扱いにくくて、ストレートにいえばブルーとグリーンを継ぎはぎして作った変な言葉だ、という反論である。だから「すべてのエメラルドはグルーだ」という仮説をわざわざ立てようと思わないだろう。

青色も緑色も、誰でもそれとわかるし、理解できる基本的な特質である。だからこそ、現実にあることを一般化し、予言するときにこの言葉を用いても意味がある。

ところがグルーは違う。グルーという言葉を使って仮説を立てるのはいかにも妙である。グルーという言葉が現実の世界を示すひとつの特質になっているなんて、想像できないからだ。

哲学者は時に「自然種」という言葉を使う。自然種は人工的ではなく、自然にグループ分けされた物のことである。または、そのように自然にグループになった事物に、共通して見られる特徴のことである。それでいうと、グリーンとブルーは自然種だが、グルーはそうではない。だから、科学的帰納法は、「自然種」に当てはめるときに限って適切である、と主張することで、グルーのパラドックスを解消できる。

第1章 知っていること、信じていること

1 美容室のパラドックス

問題

アグネス、ベアトリス、クロエは24時間営業の美容室を経営している。常時3名のうち最低1名は店に出ていなければならない。ところが、ベアトリスはアグネスがいるときしか出勤せず、クロエはひとりだけでは働かない。クロエは「私はいつも働かなくちゃいけないんだから」と不満をいう。クロエの理屈は間違っている。休めないのはアグネスのほうだ。まず、クロエが出勤しなければならないことを示すもっともらしい議論を自分で考えてみてから、どこがおかしいか示してほしい。論理の力で、クロエに休みをとらせてあげよう。最後に、アグネスがまるで囚人のように毎日出勤しなければならないことを証明する。

解き方

クロエは次のように自分の不満が正しいと言おうとする。しっかり読んで、間違いを指摘しよう。

3名のうち最低ひとりはいつも出勤しなければならない。もし私（クロエ）が休んで、もしアグネスが休んだら、ベアトリスが店に出ることになる。しかしベアトリスは、アグネスと一緒でなければ働かない。だから、アグネスが休んだら、ベアトリスも休む。「もし、私が休んだら、論理的に問題になるわ。だって、アグネスがいなければ、ベアトリスは出勤してなおかつ休ま

なければならなくなるもの。誰かひとりは店にいないとだめだから、ベアトリスが出勤しなければならないでしょう。でもアグネスと一緒じゃないと働けないから、アグネスが休みのときはベアトリスも休むことになるわ」。

クロエの言い分をまとめると、次のように表せる。

もし、クロエが休みで、かつ、アグネスが休みであれば、ベアトリスは出勤しなければならない。（誰かが店にいなければならないから）

もし、アグネスが休みであれば、ベアトリスも休む。（ベアトリスはアグネスとだ

け一緒に行動する)

もし、Cを「クロエが休み」、Aを「アグネスが休み」、Bを「ベアトリスが休み」とすれば（つまりnot Bは「Bは出勤」)とすれば、こうなる。

**もしもCであって、Aであれば、not Bである。
もしAならば、Bである。**

アグネスが休みであれば（A）、ベアトリスは出勤しなければならないが、同時に休まなければならない、という不可能なことになり、矛盾が生じる。この論理的問題を、クロエは「私が働かなければ」といって解決しようとしている。

しかし、もし、アグネスが出勤していたら、ベアトリスもクロエも休めるから、クロエの言い分は明らかに間違っている。アグネスが店にいてくれさえすれば、クロエは休める。クロエが見逃していたのは、以下の前提が（よくあることではないが）論理的に矛盾せず、両方真であるという点だ。

**もしAであれば、Bではない。
もしAであれば、Bである。**

解決策

もう一度、思い出してみよう。

3名のうち1名は、常時働かなければならない。

ベアトリスはアグネスと一緒でないと働かない。

クロエは、ひとりでは働かない。

アグネスがいつも出勤しなければならないのが、すぐにわかる。もし、ベアトリスが出勤していたら、アグネスも店に出る。もし、ベアトリスが休みをとったら、アグネスも休む。したがってクロエも休みをとる。ベアトリスが休むかどうかにかかわらず、アグネスは出勤しなればならない。

違う観点から見てみよう。クロエも、出るときもあれば、休むときもある。もし、クロエが出勤していたら、アグネスかベアトリスのどちらかが一緒に出なければならないが、ベアトリスはアグネスがいなければ店に出ないから、やはりアグネスは店にいなければならない。逆に、クロエが休みをとれば、2名のうちどちらかが店に出なければならない。ベアトリスはひとりでは働かないから、ここでもアグネスが出勤しなければならない。

アグネスの選択肢としては、ひとりで店に出るか、ベアトリスと一緒に出るか、クロエとベアトリスと3名で働くか、だ。休むという選択肢はない。そうなればベアトリスは店に出ないし、そうするとクロエも出てこないからだ。

第2章

曖昧さとアイデンティティ

　あるものが何であるかを知るために、そうでないものが何かを知ることは役に立つ。しかし2つを区別するのが難しい場合、本質が徐々に、しかし完全に変わってしまう場合、境界線が曖昧な場合はどうしたらいいのだろう。曖昧なものとは曖昧な言葉にすぎないのか。ここに古典的なパラドックスがある。毛がうすくなった禿げ頭の男、顔が泥だらけの子ども。「アイデンティティ」について曖昧であるにせよ、曖昧に同定しているにせよ、この章で「不明確」なものの明確な定義づけを見出すことになるだろう。

テセウスの船　その1

　テセウスというアテナイ人の若者が、クレタ島の迷宮の奥に住むミノタウロスを退治したという、ギリシャの有名な伝説がある。ギリシャの歴史家プルタルコスによれば、アテナイ人はその功績を称え、ミノタウロス退治に使ったテセウスの船を後世に残したという。時が経つにつれ、木材が朽ちていくと、新しいものに交換されていった。結果として元の船はほとんど残っていない状態になったが、それでも元の船とみなして良いのだろうか。

　そもそも、ギリシャの知的エリート層が一体なぜこの問題を考えたのだろうか。暇つぶしで頭を使うにはもってこいだが、真剣に取り組む問題ではないのではないか。
　しかし、一見すると暇つぶしにしか見えないが、実はもっと興味深い問題である。本当に興味深い問題というのは、木材がどうなったかではない。古い木材がどうとかではなく、哲学的寓話として考えられるのだ。年月の経過とともに変わっていくものすべてに関わる問いを突き付けてくる。

身近な例 ─────●

　もっと身近な例もある。妻ウェンディは、子ども時代の話をするときに、「私はあの頃とはずいぶん変わったわ。子どもの頃の自分と今と、同じ人間なのかしら」と何度もいった。
　彼女のいうことはもっともだ。人間の細胞は絶えず入れ替わっている。つまり人体は絶えず再生している。胃腸の内壁は5日ごと、赤血球は120日ごと、骨の細胞は10年ごとに入れ替わる。つまり、大人のウェンディの体には、子ども時代のウェンディの細胞はほとんど残っていない。それなのに、どうして同一人物といえるのか。「テセウスの船」の話と同じことだ。ただ、テセウスの場合は木材だが、ウェンディの場合は細胞に置き換わった。違うのはそこだけだ。

「テセウスの船」問題　その1 ─────●

　もともとあったテセウスの船から1、2カ所だけ部品が交換された時点を考えてみよう。この段階では、修理した船を元の船としてみなすのはもっともだ。
　それでは、もっと後、あちこち修理され、元の船の部品が1つも残っていない時点を考えてみよう。それでもやはり修理した船を元の船と見なせるのだろうか。
　肯定するのであれば、問題がある。いきなりすべてを変えたわけではないが、すべて変わってしまった。元の船の部分は、まったく残っていない。元の部品がすべて変わっているのに、元の船であると呼べるのか。
　逆に、否定するのであれば、また違った問題がある。正確にはいつ、修理された船が「テセウスの船」ではなくなるのか。ま

さか1カ所だけ部品が交換されたときなのか。または2カ所なのか。どこで厳密な線引きをするのか。最後の部品が交換されたときに初めて、古い船ではなく新しい船とみなされるのか。

物理的連続性

肯定するにしても、否定するにしても、ジレンマに陥っている。しかし、物理的連続性の考えを持ち込むことで、ジレンマを回避できるかもしれない。テセウスの船の部品全部が交換されたとはいえ、交換は徐々におこなわれた。部品は1カ所ずつ交換され、全体の形は変わらなかった。全体の構造を損わずに、木材は1本ずつ交換された。いきなり変えるのではなく、少しずつ変えることによって、元の船と同じであるともいえる。

物理的連続性に基づけば、元の船をどんなに修理したとしても、「テセウスの船」と同じであるといえる。

 考えてみよう

人間の体を構成する細胞のほとんどは徐々に入れ替わるが、例外がある。例えば、大脳皮質は再生しない。大脳皮質の細胞は生まれたときから入れ替っていない。大脳皮質は知覚・記憶・認知・思考・言語において重要な役割を担う。

このことは、幼少時代の自分とまだ同じ人なのかどうかというウェンディの疑問に、なんらかの関係があるだろうか。

◉解答

大いにありうる。肉体的には、大人のウェンディには子どものウェンディのごく一部だけが残っている。自己同一性に関していえば、大脳皮質はおそらく人にとって最も重要な部分である。ゆえに、大脳皮質が成人期まで残存するということには、特別な意義がある。

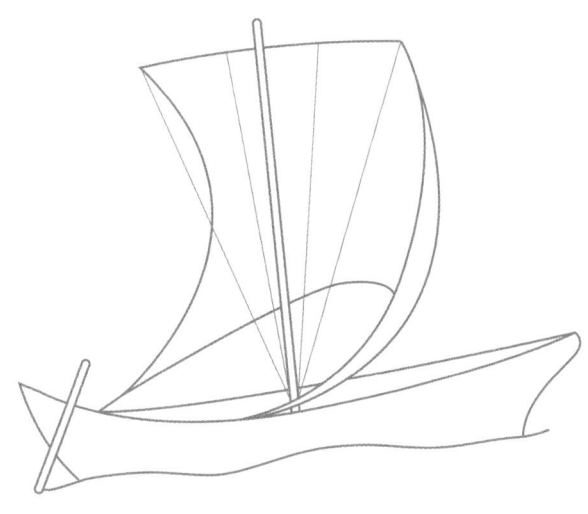

第2章　曖昧さとアイデンティティ

テセウスの船　その2

　物理的連続性という考え方によって、物が変化しながらも、同一性を維持することを納得すれば、最初の問いの解は、部品が交換された船はテセウスの船であるとみなせる、となる。たとえテセウスの船のありとあらゆる部品が交換されたとしても、そこにあるのは同じ船なのだ。

「テセウスの船」問題 その2 ●

　さて、もう少し複雑な状況について考えてみよう。前述したとおり、老朽化した部品は徐々に新しい部品に交換される。しかし、その老朽化した部品を使って、どこか別の場所でレプリカの船を組み立てる。
　というわけで、2隻の船がある。それぞれ名前をA、Bとする。Aの船は古い部品が徐々に交換され、新しい部品で構成されている。Bの船は元の船の部品で、元の船の設計で作られているが、まったく別の場所にある。どちらが本物だろうか。
　Aの船がテセウスの船であると主張するのは妥当である。つまり、問題1に出てくる交換した部品で作られた船は、どこから見ても元の船とまったく同じだ。物理的連続性は維持される。したがって元の船と同じであるといえる。
　しかし、Bの船がテセウスの船であると同様に主張するのも妥当である。つまり、元の船とまったく同じ部品で、同じ方法で組み立てられているのだ。
　ノアの方舟の所在を発見した考古学者を想像してみよう。考古学者はノアの方舟を掘り出し、分解して運び、博物館の展示室で組み立て直した。ただ単に分解されてから組み立て直されただけなので、博物館にある船をノアの方舟ではないという者はいない。これは、Bの船に関しておこなわれた過程とまったく同じだ。したがって、B

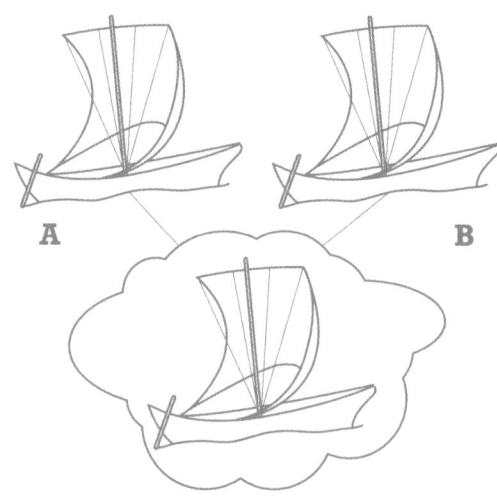

実例

本書の執筆前に、京都の金閣寺を訪れた。金閣寺は日本の最も著名な建築物のひとつである。金閣寺は優雅で、3層の木造建築で、金箔に覆われ、絵画のように美しく作られた湖のほとりにある。

金閣寺は、もともとは1937年に建造され、焼失と再建を何度も繰り返し、1950年代に再建された。このことを知って、多くの西欧からの旅行者と同様、少しだまされたような気がした。私は「本物」を見ることができず、がっかりした。しかし日本人は、現在の建物を本物として認めることに抵抗がないようだ。

金閣寺はテセウスの船よりも酷く、アイデンティティの問題に悩まされている。新しい建物を構成する材料は、古い建物と同じものではなく、そしてまた、物理的な連続性を持たない。この場合、金閣寺には本物であると主張できるだろうか。

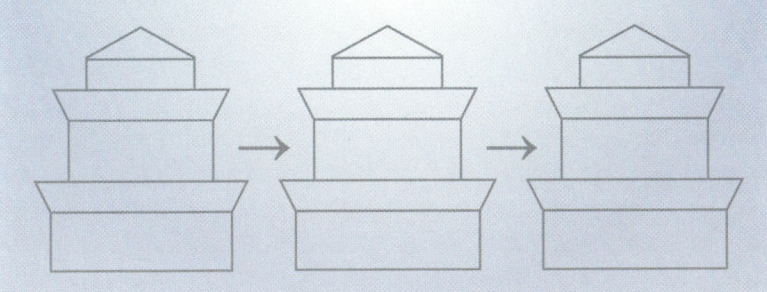

の船はテセウスの船であるといえる。

パラドックス

さあ、パラドックスだ。A、Bという2隻の船がある。Aの船がテセウスの船であると結論づける妥当な根拠がある。その一方で、Bの船がテセウスの船であると結論づける妥当な根拠もある。しかし、テセウスの船がいくつもあるというのか。

Aの船がテセウスの船であるという主張は、物理的連続性に基づいている。いきなり変わるのではなく、徐々に元の船からAの船へと変わっていったのだ。Bの船がテセウスの船であるという主張は物質的構成に基づいている。Bの船は元の船の部品を使い、同じ方法で組み立てられている。

文脈の問題なのか

ある状況において、Aの船をテセウスの船であるとみなすのは、筋が通っている。違う状況では、Bの船がテセウスの船であると見なされるだろう。あるいは、単に問題を避けているのかもしれない。おそらく、物理的連続性か物質的構成か、どちらの基準を優先するのかを目的によって決めなければならないのだ。

第2章 曖昧さとアイデンティティ

ヘラクレイトスの川

「不動に見えるものも、変化し続けている」
——ヘラクレイトス（紀元前5世紀）

ヘラクレイトスは最古の哲学者のひとりだ。紀元前500年頃、小アジアのエフェソスに住んでいた。生涯について確実なことはほとんど知られていないが、「厭世家」的なところがあったようだ。仲間をばかにするような態度をとり、みな何も考えてない愚か者だと思っていた。早逝したのは人間嫌いのせいかもしれない。社会から遠ざかり、植物を食べて生きていたが、その後水腫を患った。

ヘラクレイトスは著書をただ1冊残した。その本は難解で不可解であることで知られる。ソクラテスはこう論評したといわれる。「私が理解した部分は素晴らしい。理解できない部分もきっと素晴らしいに違いない」。著書は断片的にしか残っておらず、その一部は信憑性が疑われている。

ヘラクレイトスによれば、世界は常に変化し続けている。すべては絶えず変化している。ヘラクレイトスは火を物質界の基本要素とみなした。火は不安定な物質で、常に変化する世界を説明するのにぴったりだった。

ヘラクレイトスのパラドックス ●

プラトンの対話篇『クラテュロス』によると、ヘラクレイトスは「同じ川に二度入ることはできない」といったとされている。これはばかげている。同じ川に二度入ることは明らかに可能だ。川に入る機会を二度設ければいいだけの話。例えば月曜日と火曜日、のように。

問題は、川は流れる水でできているということだ。川は水からなる。水は同じ場所にはとどまっていない。月曜日の川を流れる水と、火曜日の川を流れる水は違うのだ。月曜日の川と火曜日の川は完全に同じとはいえない。

さらにいえば、川はたった1日でも劇的に変化する。堤防が決壊することも、流れが変化することも、完全に干上がることもあるだろう。そのような場合には、構成要素が変わるだけでなく（30～33ページの「テセウスの船」と同様）、全体の構造も変化している。このことから、二度連続して入ったとしても、まったく別の川に入っていることになる。

同じ川に二度入ることができるし、できない。これがパラドックスである。ヘラクレイトスはより詩的にこう表現した。「同

$$\chi = \zeta = \chi = \phi = \chi = \psi$$

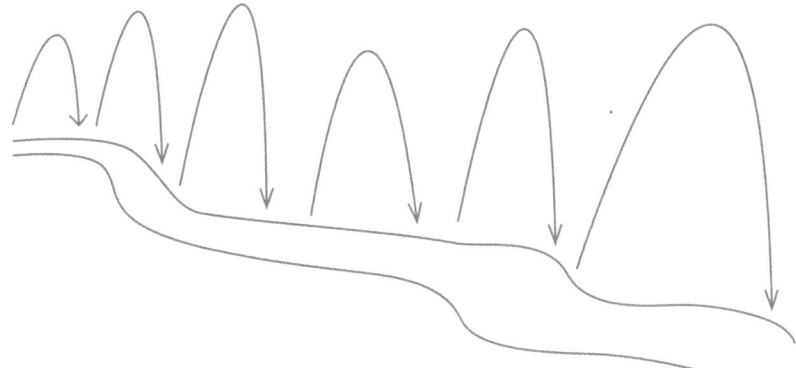

じ川に入ったが、入っていない」。

パラドックスを解決しよう

　実際にはパラドックスではないかもしれない。文脈の問題だろう。「川」とは「海へ向かって一定のコースを流れる水域である」とするならば、同じ川に二度入ることができる。しかし、川を流れているひとつひとつのH_2O分子が同一であることを必須とするならば、当然同じ川には入ることができない。

　ほかに、物理的連続性の概念（31ページ）を今一度持ち出してもいい。川の構成要素は少しずつ時間を追って変わるが、その変化はいきなりではなく、徐々に起こった。時間の経過とともに水は流れていくが、その変化は連続している。このことは、川が同一であるとするのに十分だと思われる。

ヘラクレイトスから学ぶ

　実は、ヘラクレイトス自身がこのパラドックスから最も深い哲学思想を導き出した。「万物流転の法則」である。すべてのものは絶えず変化しており、変化しないものは存在しない、という考えである。

　「ヘラクレイトスの川」の話を用いて、万物流転の概念を完全に解説することができる。変化は川の同一性における本質的な部分だ。実際に、川は水が流れることにより、川たり得る。この洞察はヘラクレイトスの別の断片、「二度川に入ったとき、どちらも同じように流れているが、流れている水は違うのだ」を解くためのヒントになる。

　得られる教訓は、現存するもの（ヘラクレイトスが正しければ、おそらくすべて）は、変化によって定義されるということだ。変化が同一性を損なうことはない。変化こそ本質的な特徴なのだから。

第2章　曖昧さとアイデンティティ

Profile

エウブリデス

　エウブリデスは紀元前4世紀のギリシャの哲学者で、数多くの独創的なパラドックスを考案した。彼の生涯については、ほとんど知られていない。知り得ることのほとんどは、ディオゲネス・ラエルティオスの著作からである。それによると、彼はエウクレイデスの弟子であり、そのエウクレイデスはソクラテスの弟子であった。

　エウブリデスはアリストテレスと同時期の人物だが、アリストテレスとは哲学的にも、個人的にも、そりが合わなかった。エウブリデスはアリストテレスに対して、マケドニア人側のスパイとしてアテネで活動していると糾弾するなど、誹謗中傷さえもおこなったとの記述も残されている。

　他方、ディオゲネス・ラエルティオスは次に紹介する7つのパラドックスをエウブリデスが考案したとみなしている。

　古代においては、これらのパラドックスは取るに足らない、重要でないものとして片づけられていた。エウブリデスのライバルであったアリストテレスは、少々の議論をしただけで、そっけなく却下した。キケロはこれらのパラドックスを「とってつけたような、あてつけの詭弁だ」と表現した。そしてセネカは「わからなくても悪いことではないし、わかったとしても役には立たない」と辛辣に批判した。

　しかし、最後に勝利したのはエウブリデスであった。彼の考案したパラドックスは時の流れにも耐えて生き残り、今もなお哲学者や論理学者に議論されている。

フードを被った男のパラドックス ── ●

　あなたは自分の弟を知っている、というが、もし弟がフードを被っていれば、その人物が弟であると識別できない。したがって、弟のことを知っているし、知らないのだ。

エーレクトラーのパラドックス ── ●

　エーレクトラーは弟オレステースとは別々に育てられたが、オレステースという人物が弟だということは知っていた。エーレクトラーが初めてオレステースに会ったとき、弟だと知っていただろうか。「知らなかった」とは答えられない。エーレクトラーはオレステースが弟であるということを知っていたからだ。「知っていた」とも答えられない。エーレクトラーは自分の目の前に立っている男がオレステースであると知らなかったからだ。

見過ごされた男のパラドックス ── ●

　このパラドックスは、フードを被った男

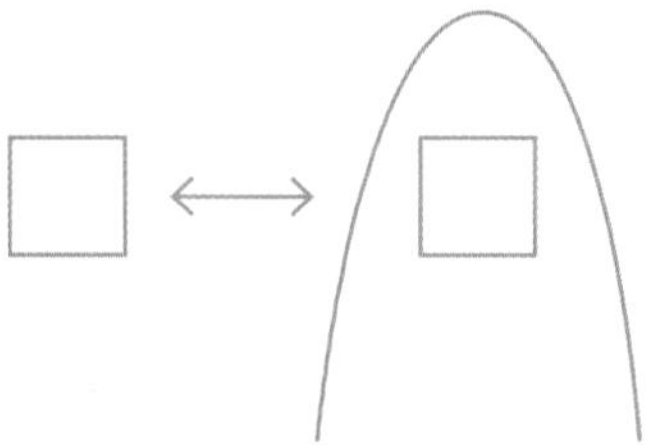

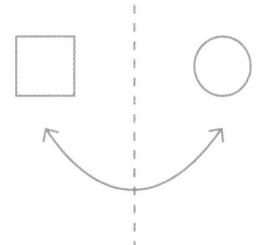

36

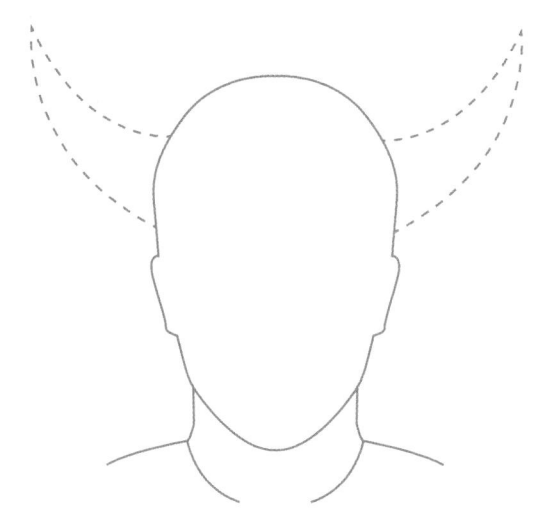

のパラドックスやエーレクトラーのパラドックスの単なる変化形にすぎない。

角のパラドックス

誰かに「角をなくしたのですか」と聞かれたとしよう。何と返事しようか。「いいえ」と答えるならば、相手は、角がまだあるのだと思うだろう。「はい」と答えるならば、相手は、角があったがなくしたのだと思うだろう。こうもいえる。「なくしていない」ものは、つまり「今もある」。あなたは角をなくしたわけではない。まだ角があるということになる。

嘘つきのパラドックス

「今、話していることは嘘です」といったとする。本当のことをいっているのだろうか。60～61ページで論じる。

禿げ頭のパラドックス

これは、砂山のパラドックスと良く似ている。38～39ページで論じる。

チャレンジ

フードを被った男のパラドックス、エーレクトラーのパラドックス、角のパラドックスを解いてみよう。

◉ ヒント

フードを被った男のパラドックスとエーレクトラーのパラドックスは類似している。「知っている」という言葉の曖昧さがカギである。つまり「知っている」というとき、「知り合い」という意味にもなるし、「識別できる」という意味でも使う。

一方で、角のパラドックスは「角をなくしたのですか」という誘導的な質問から始まる。この質問は、「かつて角を持っていた」ことを前提としている。単純に「はい」や「いいえ」と答えることがはたして妥当なのだろうか。

砂山のパラドックス

エウブリデスは一粒の砂が砂山となると論証した。38～39ページで論じる。

第2章　曖昧さとアイデンティティ

禿げ頭のパラドックス、砂山のパラドックス

前ページで紹介した、禿げ頭のパラドックスと砂山のパラドックスは、エウブリデスのパラドックスの中で最も有名なものだ。

禿げ頭のパラドックス

髪がふさふさとしている人は、明らかに禿げではない。その状態で髪の毛が1本抜けても、禿げにはならない。髪が1本抜けるだけで、禿げていない人が禿げになることはない。したがって、誰も禿げにならないのである。

砂山のパラドックス

100万粒の砂が積み重なると、砂山になる。砂山から1粒の砂を取り除いても、砂山のままである。1粒の砂がなくなることで、砂山が砂山でなくなることはない。しかし、繰り返し砂を1粒ずつ取り除いていくと、最終的には1粒だけが残った状態になる。ゆえに、唯一の砂粒は砂山である。

禿げ頭のパラドックスと砂山のパラドックスの論理構造は非常によく似ている。よく「連鎖式(ソリテス)パラドックス」(ギリシャ語の砂山を意味する「soros」から)と呼ばれ、「little-by-little」の議論とも称される。

2000年以上にわたり、哲学者は連鎖式パラドックスに当惑し、イライラをつのらせてきた。どんな解き方が試みられてきたかは、40〜43ページで述べる。

ところで、一見似ている謎がある。これは完全に解決可能だ。これらの議論の欠陥に気づくだろうか。

◆ 氷点

1000度という温度は、氷点より高い。1度下げても、まだ氷点より高い。実際に、温度を1度だけ下げても決して氷点を下回ることはない。ゆえに、氷点を下回る温度はない。

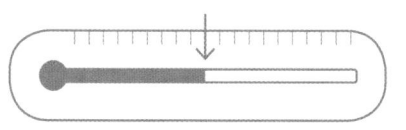

◉ 解答

この論証には、明らかに不備がある。水が氷る温度が華氏32度、摂氏0度であるのは決まりきったことだ。ゆえに、「温度を1度だけ下げても決して氷点を下回ることはない」と断言するのは間違いである。禿げ頭のパラドックス、砂山のパラドックスと比較すると、禿げ頭とそうではない状態、および砂山と砂山ではない状態の間には、明確な境界線がないことがわかる。

すべての馬は同じ色

ランダムに馬を選び出し、ひとつのグループを作る。何頭でもいいのだが、10頭としよう。この10頭の馬の色がすべて同じであるという論証は成り立つだろうか。

グループの9頭の馬が同じ色であると証明できれば、10頭の馬の色がすべて同じであるといえる。その場合、10頭のグループから任意の9頭を分け、その9頭が同じ色であるとすれば、10頭すべてが同じ色であることになる。

しかし、グループの9頭の馬すべてが同じ色であると証明する方法はあるだろうか。任意の8頭の馬が同じ色であると証明すればよい。そして順に、任意の7頭の馬が同じ色であると証明すれば、8頭の馬が同じ色であると証明できる。6頭、5頭、4頭、3頭、2頭、1頭と最後まで証明していけばよい。

グループの馬が1頭だけである場合、どの馬も同じ色なのは明白だ。ゆえに、連鎖的に考えて、任意の10頭が同じ色であると証明できる。もちろん、何頭であっても同じことだ。ゆえにすべての馬は同じ色である。

◉解答

実際に任意の9頭の色が同じであると示すことができれば、任意の10頭の色が同じであると証明できる。8頭、7頭、6頭、5頭、4頭、3頭まではこれが当てはまる。しかし、2頭になった時点で論証が破たんする。任意の1頭の色が自身の色と同じであるからといって、任意の2頭の馬の色が同じであることの証明にはならない。

曖昧さ

禿げ頭のパラドックスと砂山のパラドックスの核心には、曖昧さという概念が密接に関係している。禿げ頭のパラドックスは、「禿げ」という言葉の曖昧さから生じ、砂山のパラドックスは「砂山」という言葉の曖昧さから生じる。

問題は、禿げ頭のパラドックスに関する限り、「禿げ」と「禿げではない」状態の間に、はっきりした分割点がないことである。ほとんど髪がない人のことを「禿げ」といい、ふさふさとした髪の人に対してはいわない。しかし、どこまでが禿げではなく、どこからが禿げなのか、境界の見分けがつかない。

同様に、砂山か砂山でないかについても、はっきりした分割点がない。やはり、どこまでが砂山で、どこからが砂山でないのかという境界が見出せないのだ。

氷点の話（38ページ参照）が成立しないのは、このためだ。「氷点」は定義が明確な言葉であり、曖昧さはない。水の温度が摂氏0度／華氏32度に下がった時点で、氷点に達する。少なくとも原理的には、境界例は存在しない。

探求への抵抗

どれだけ情報を集めたとしても、「禿げ」や「砂山」といった言葉の曖昧さは解消されない。たとえ、頭に生えている髪の本数を正確に知っていたとしても、やはり禿げといえるかどうかわからない。たとえ、まさに最後の一粒まで砂粒を数えたとしても、それが砂山であるといえるかどうかわからない。

したがって、曖昧さは「探求への抵抗」だといわれている。どんなに慎重に数えたり、どんなに正確に測定したりしても、曖昧さは残る。言葉自体が曖昧さを持っているのだ。

さらに曖昧な言葉

「禿げ」や「砂山」のほかにも、曖昧な言葉はたくさんある。背が高い、金持ち、子ども、賢い、小さい、古い。

いつドアがドアでなくなるのか

背が高い、金持ち、子ども、賢い、小さい、古い、などといった言葉に内在する曖昧さには、たやすく気がつく。しかし、明確な意味を持つように見える言葉にも、よく調べてみると、曖昧さが入りこんでいる。次の言葉の曖昧さがわかるだろうか。

椎子、人間、良い、本、父。

◉ヒント

出題された言葉が当てはまらなくなる境界例を考えてみよう。例えば、「人間」が胎児に当てはまるか。当てはまるのであれば、発達のどの段階だろうか。木製の椅子をいくらか削ったとすると、それはまだ椅子なのだろうか。どれだけ削ったら「椅子」という言葉が当てはまらなくなるだろうか。

背が高いというには、どれぐらいの身長でなければならないか。金持ちというには、どれぐらいのお金が必要か。いくつになったら、子どもでなくなるのか、など。これらの言葉はすべて、境界例があるがゆえに曖昧である。

曖昧さの問題

曖昧さには、単に哲学的な枝葉末節にこだわる以上の意味がある。倫理学上の重要な問題の多くは、特定の言葉に内在する曖昧さのせいで論争がヒートアップする。例えば、中絶の是非をめぐる論争は、胎児がいつ「人間」になるのかという問題がまず中心にある。同様に、性的関係を結ぶのに適した年齢はいくつかという論議は、いつ「子ども」が「大人」になるのかという概念と結びつく。

パラドックスを作ってみよう

「小さい」は曖昧な言葉である。連鎖式パラドックスを作るのに、この言葉を使えるはずだ。すべての数字が小さいことを証明してみよう。

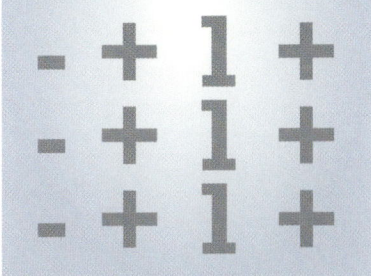

◉解答

こんなふうに考えたらうまくいく。1は小さい数字である。1に1を足しても、小さい数字であることには変わりがない。1足すだけでは小さい数字が大きい数字になることはない。しかし、1を足し続けることで最終的にどんな数字にでもなる。ゆえに、すべての数字は小さい。

第2章　曖昧さとアイデンティティ

連鎖式パラドックスを解決する

　禿げ頭のパラドックスや砂山のパラドックスで提示される論拠には、きっと何かおかしいところがあるに違いない。これらのパラドックスの結論（禿げになる人は決していない。一粒の砂は砂山である）は明らかに不条理である。しかし、何が間違っているのかを正確に特定することは、簡単ではない。

　ここでは、連鎖式パラドックスの論理構造の要点をわかりやすく説明するために、砂山のパラドックスを例に挙げる。

（1）100万粒の砂が積み重なると、砂山になる。
（2）100万粒の砂が砂山になるならば、99万9999粒の砂も砂山になる。
（3）99万9999粒の砂が砂山になるならば、99万9998粒の砂も砂山になる。
（4）99万9998粒の砂が砂山になるならば、99万9997粒の砂も砂山になる。
　　……
（5）ゆえに、1粒の砂は砂山である。

　これをもっと簡潔に表現すると
（1）100万粒の砂が積み重なると、砂山になる。
（2）n粒の砂が砂山になるならば、n−1粒の砂も砂山になる。
（3）ゆえに、1粒の砂は砂山である。

　論拠をこのように正確に示すことで、連鎖式パラドックスの重要な特徴が明らかになる。すなわち、「砂山」のような曖昧な言葉は、わずかな変化があったとしても影響を受けない。1粒減ったからといって、砂山が砂山でなくなることはない。同様に、髪が1本抜けたからといって、禿げていない人が禿げになることはない。

　しかし、ここが難しいところである。わずかな変化によって、砂山が砂山でなくなることはないし、禿げている人が禿げでなくなることはないが、大きな変化があればやはり違ってくる。わずかな変化の積み重ねだ

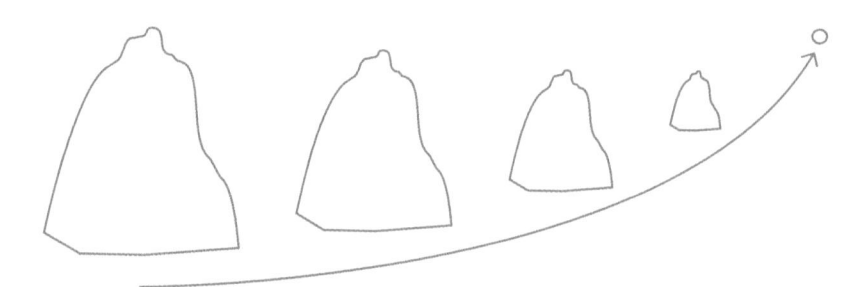

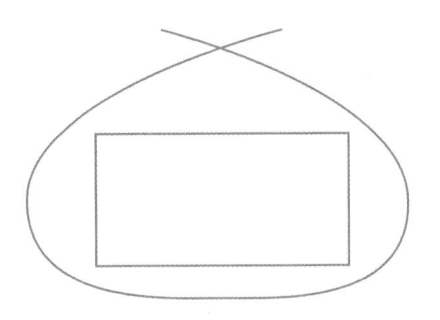

けで、大きな変化が起こる。ゆえに、わずかな変化によって、砂山が砂山でなくなることもあるし、そうならないこともある。

禿げ頭のパラドックスや砂山のパラドックスは、エウブリデスが最初に考案してから2000年以上経っているが、今なお哲学者や論理学者はこれらのパラドックスについて論議している。ここで、このパラドックスを解く方法を紹介しよう。

固定の境界を定義する

「禿げ」や「砂山」といった曖昧な言葉に対して、固定の境界を定義すれば、連鎖式パラドックスとなるのを避けることが可能だ。例えば、1万粒以上の集まりだけを「砂山」と呼び、また、髪の毛が1000本以下の人だけを「禿げ」と呼ぶようにする。

曖昧さを否定する

境界はすでに存在しているから「禿げ」や「砂山」といった曖昧な言葉に明確な境界を定義する必要はない、と主張する哲学者もいる。認識論的な見解によれば、曖昧な言葉にもはっきりとした境界がある。その境界線がどこに引かれているか一般に知られていないだけだ。これによって、砂山が砂山でなくなり、髪がふさふさの人が禿げになる、正確な分割点があることになる。言葉自体に曖昧さは内在していない。私たち自身が知らないだけだ。

多値論理

「砂山」や「禿げ」といった曖昧な言葉に対して境界例があると仮定すれば、もうひとつの方針として、すべての問題が真か偽となるのではなく、真に段階が存在する、と考えるやり方もある。これにより、非常に多くの砂粒が砂山となるのは真であり、非常に少ない量の砂粒が砂山となるのは偽である。しかし境界例では、真でも偽でもない。砂粒の数が減るにつれて、「砂山である」と見なされる境界がより低い段階となる。

> **◆ 考えてみよう**
>
> ここに紹介した「解き方」のうち、いちばん有望なのはどれか。例えば、1番目のやり方では固定した境界線を決めることが必要だ。しかしどこに境界線を引けばいいのか。どこまでが砂山で、どこからが砂山でないか私たちにはわからない。どんな境界線を引いても、恣意的なものになる。そうだとしたら、恣意的な境界線に意味があるだろうか。

2 泥のついた子ども

> ### 問題
>
> 子どもたちが幾人か大きな円の形に集められた。みな自分の顔は見えないが、自分以外の子の顔ははっきりと見える。先生が「顔に泥がついている子が少なくとも1人います。泥のついている子は出ていらっしゃい」といった。反応がなければ、同じ声がけが繰り返される。パラドックスは以下のとおり。n人の子どもに泥がついているとする。n回いわれるまで誰も前に進み出ずに、次の声がけでn人全員が一斉に進み出る。しかし、「泥がついている子が1人います」といわず、単に「泥がついている子は進み出るように」とだけ繰り返すと、進み出る子どもは1人もいない。子どもたちが見ているものは同じなのに、先生が何をいうかでどうしてこのような差が生じるのか。

解き方

このパラドックスを考えるとき、子どもたちが何を理解できるのか、まず知っておこう。円の大きさにかかわらず、子どもたちにはほかの子の顔が見える。大きな円となると、超人的視力の持ち主ということになるが、それはよしとする。また、子どもたちはすぐ「自分はほかの子の顔は見えるが、自分の顔は見えない」ということに気づく。しかも正しい推理力がある、と仮定されている。

例えば、先生が「泥がついている子が少なくとも1人いますよ」と子どもたちにいい、実際に泥のついている子は1人だけであると仮定しよう。泥がついている子は、「泥がついているのは自分だ」とすぐにわかる。というのも、ほかの子の顔を見ると、誰にも泥がついていない。泥がついている子は1人いるはずなのに見当たらない。ということは、自分だということになる。しかし、子どもたちのうち泥がついている子が少なくとも1人いることを、この（泥がついている）子が知らなければ、自分だと推測できないから、進み出ない。この最初のケースでは、先生が何をいうかで結果に

大きな違いが生じる。

　今度は、泥がついている子が2人いるとする。子どもたちはみな、先生の話を聞く前に何をいわれるかすでにわかっている。2人の顔に泥がついているのが見えるからだ。ただし、泥のついている2人の子は違う。その2人の子は、先生のいうとおり、少なくとも1人の顔に泥がついているのを、自分の目で見ている。そのため、先生が最初に声がけしたときに、進み出る子どもはいない。子どもたちは自分で自分の顔を見られないと知っているから、「この中に泥がついている子が1人以上いるはずだ」と考える。泥がついていない子たちは、すでに目の前に泥がついている2人がいるので、すぐにわかる。しかし、泥がついている2人には、泥がついている子が1人しか見えない。1人以上いるとわかるだけだ。泥がついている子が1人だけだったのであれば、その子は最初にいわれたときに進み出ただろう。先に誰も進み出ないということは、自分以外に泥のついた子が見えているはずだ。泥のついている子2人は、ここで自分に泥がついていることがわかる。自分が見ている泥のついた子のほかにもう1人いるとわかるからだ。2人とも同じ推測をし、前に進み出る。

　先生が「少なくとも1人の顔に泥がついています」と子どもたちに教えていなければ、子どもたちは自分の目ではっきり見ているにもかかわらず、誰も自分の顔に泥がついていると推測できない。見えるのに、先生がいわないと誰も進み出ないのだ。なぜだろうか。

解決策

　先生がいわなかったら、泥のついた子が1人だけのときでも、最初の声かけでは誰も進み出ない。2回目、泥のついた子が2人いるとすると、子どもたちは「泥のついた子が1人だけなら、すでに進み出ているはずだ」と考えることはできない。これがなければ、あとの回で自分に泥がついているとわかることも不可能である。

　泥のついた子が2人という場合でみたように、泥のついた子が「自分だ」とわかるのは、最初誰も前に出なかったことからの推理による。2回目にいわれたら、「泥のついた子が1人だけ」という仮説は覆される。泥のついた2人の子にとって、これは正しい。泥のついた顔が1人しか見えないのだから。ほかの子が見ただけでわかることを、泥のついた2人の子は、「最初の声がけでほかの子が何の反応もしなかった」ことで初めて気づく。したがって、2回目の声がけがあると、みな泥のついた子が少なくとも2人いるとわかるのである。

　n人の泥のついた子は「泥のついた子は多くてもn人いる」とわかる。しかしn−1回の声がけでn−1人の泥のついた子（泥のついたもう1人の子には見える）が前に出なくて初めて、「泥のついている子は少なくともn人いる」とわかる。泥のついていない子の場合は、ちょうど逆だ。初めn人の泥のついた子が見える。だから「泥のついた子は少なくともn人（そして多くてもn＋1人）いる」とわかる。しかし「多くてもn人」とわかるのは、n回声がけされてn人の子が前に出るのを見てからだ。

第2章　曖昧さとアイデンティティ

第3章

論理と真理

　真理によって自由になるとすれば、カギとなるのは論理である。真理や厳格な論理にこだわっていると、驚きや表面的な矛盾を覚えるかもしれない。私たちが問うのは「何が正しいのか」ではなく、「何が真理なのか」である。「命題や信念が正しい、というとき、それは何を意味しているのか?」。本章では、ほかに言語的指示、自己言及、集合の要素、証明可能性について見ていく。そこで取り上げられるパラドックスはつまらないものから日常よく目にするものまで、言語的なものから数学的なものまでさまざまだが、哲学や数学的論理の核となる問題に通じるものもある。

論理のパラドックス

論理と心理のパラドックスに出会うと、人は面白がると同時にイライラする。これ自体一種のパラドックスといえるのかもしれない。まず身近な例をみてから、深く考えることにしよう。

名刺のパラドックス

カクテルパーティで試してほしい。できれば、酔っぱらう前に。誰かに名刺とペンを渡し、「何かしるしをつけて返してください。ただし、返してくださるとき、名刺に何のしるしもついていない、とお考えになった場合のみです」。あなたが受け取ったとき名刺に何も書かれていないだろう、と考えれば、先方はしるしをつける。しかしその時点で名刺にはしるしがついている。あなたが受け取るとき名刺にしるしがついていると思えば、何もつけずに返してくる。しかし、しるしはついていないのだ。

頭がおかしくなりそう……と思ったら、パブロフの犬の話を思い出そう。ベルが鳴ったら餌をやるということを繰り返した結果、犬は音を聞いただけでよだれが出るようになった。心理学で「古典的条件づけ」といわれるものの代表的な例だ。パブロフは、厳密な結果を得るために実験をさらに進めている。彼と共同研究者は、円を見せたあとは餌をやるが、だ円を見せたあとは餌をやらない、ということを繰り返し、犬にそのパターンを覚えこませた。そのうえで、だ円を徐々に円に近づけていき、とうとう円なのかだ円なのか見分けがつかないほどにしてしまった。犬は、餌をもらえるのか、もらえないのかがわからなくなり、精神に異常をきたしてしまった。名刺のパラドックスを考えすぎると、同じような結果になりかねない。

絞首刑のユーモア

異国のある町がある規則を設けた。町に入ろうとする者は誰でも、その理由を述べなければならない。その理由が本当であれば、何事もなく町に入り、出ていくことができる。嘘であれば絞首刑になる。ある日、ひとりの旅人がその町に入ろうとして、理由を尋ねられた。すると彼は「首を吊られに来ました」と答えた。

この町の法と照らし合わせて、町に入るのを許されるだろうか。それとも絞首刑になるか？　もし本当のことをいっているのなら、首を吊られに来たことになる。嘘をついていたならば、法に則って絞首刑だ。しかし、もし本当に首を吊られに来たならば、本当のことをいっているのだから、無事に町に入り、出ていけるはずではないか。

恋人のロジック

なんとしても恋人との距離を縮めたいロサリオは、彼女に2つの質問をした。

（1）次の質問の答えと同じ答えを、この質問でしてもらえますか？
（2）僕と情熱的な夜を過ごしてくれますか？

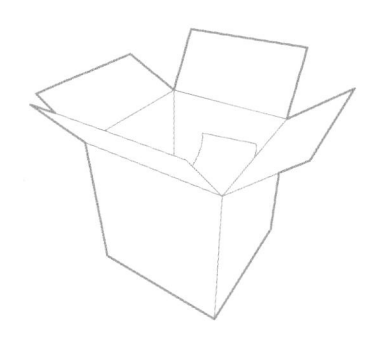

言葉に責任を持つとすれば、初めの質問にどう答えたとしても、困ってしまう。もし、「イエス」と答えたならば、いった通りにするには、2番目の質問にも「イエス」と答えなければならない。もし、「ノー」と答えたならば、いった通りにするには2番目の質問に「ノー」とは答えられないことになる。おそらく黙っているのがいちばん賢明だろう。あるいは笑うか。

質問への答えは「ノー」？ ●
　簡単ながら、決して正しく答えられない質問がある。正しい答えは、そばであなたの答えを聞いている誰にとっても明らかであり、みなすぐ答えようとするだろう。しかしあなたにはそれができない。もし「イエス」と答えるなら、正しい答えは「ノー」である。間違っていることになる。反対に「ノー」と答えるなら、正しい答えは「イエス」。どちらにしても答えは間違っている。

エアリーの箱 ●
　英国の天文学者G・B・エアリーは、ロンドンのグリニッジ天文台で、空箱を見つけた。紙に「空箱」と書き、わざと箱の内側に置いた。こういったメモは普通、箱を開けなくても中身がわかるようにするものなのに、箱の内側に入れたのだ。「空箱」というラベルのついた箱ならば思い浮かびやすいだろう。箱の外についていれば、このラベルは正しい。中にあったら、空箱でないからそれ自体、間違いだ。あるいはこんなラベルはどうだろう。「このラベルが入った箱は空です」。箱の外側については、この文は言及していない。このラベルが中に置かれた箱のことは考えていないのだ。しかし、空箱の中に入れたとすると、このラベルの文は間違いになる。
　2枚のラベルをどちらも、空箱の中にぴたっと確実に貼り付けたらどうなるだろう。箱はまだ空だろうか？　この場合、ラベルは箱の中身をさすのでなく、内側表面の一部になった。となると、このラベルの文章は正しいことになるのだろうか？　のりづけしたかどうかで文の真偽が大きく違ってくるのだろうか？
　空の箱を見つけたとしよう。開けると内側面にこう書いてある。「この箱は空です」。箱の中にはインクも、言葉も、文もある。しかしそれでも「空」といえるのだろうか。この文は正しいのだろうか？

予測不可能なことを予測する方法

「不測の事態に備えよ」――私たちはいつもそういわれる。日常でいわれる場合は、たいてい「決めてかかるな」「万全に準備しなさい」という意味だ。しかしこれを文字どおりにとると妙なことになる。「予測不可能なことを予測する」など、本当にできるだろうか。

絞首刑は抜き打ちで ●

日曜日、囚人が絞首刑の判決を言い渡された。判決文はこうだ。「これから５日間、いずれかの日の正午に刑を執行する。ただし執行日は当人に知りえないものとする」。つまり刑は抜き打ちでおこなわれる。これを聞いて、死刑囚は頭をフル回転させ、「刑の執行はできない」と主張した。理屈はこうだ。「５日後の金曜日ではありえない。なぜなら木曜午後には『明日執行される』と予測できてしまうから抜き打ちにならない。だから　金曜日を除いて考えると、木曜の朝に『今日の昼だ』とわかってしまうから、これも抜き打ちにならない。同じ理屈で、残りの３日間も外していく。いつを選んでも抜き打ちにはならない」。

これは本物のパラドックスだろうか。反論の余地のない論理によって非の打ちどころのない前提から受け入れがたい結論に至っているだろうか？　自分自身に聞いてみるといい。受け入れがたい結論か？　非のうちどころのない仮定だろうか？　理屈は完璧か？　これらの質問にすべて「イエス」と答えられるなら、そのパラドックスは本物だ。しかし、このうちひとつでも「ノー」であるならば、見かけ倒しでしかない。

試験、試験……！ ●

似たタイプのパラドックスで、もっと平和で日常的なものに「抜き打ち試験のパラドックス」がある。学校で先生が「来週抜き打ち試験をおこなう」という。賢い生徒が、「そんな抜き打ち試験は不可能です」と言い出す。先生の授業は、月曜から金曜までの毎日１時間ずつ。木曜の授業が終わっても試験がないならば、翌日しかないわけだから生徒はみな「明日が試験だ」とわかってしまう。しかしそれでは「抜き打ち」にならない。先生のいったことは間違いになる。金曜に試験できないとしたら残る４日で考えることになるが、同じように、水曜の授業後までに何もなければ木曜に試験があるのがわかってしまう。これも「抜き打ち」にならない。こんなふうに考えていくと、試験をどの曜日に設定しても、「抜き打ち」ではできない。

抜き打ちこそ……！ ●

試験や絞首刑の例に出てくる「抜き打ち」の要素は一種のごまかし、いわば省略によるごまかしだ。囚人は刑が執行されるのはいつかを知らされていない。死刑執行の決まりを示されただけだ。抜き打ちでおこなう決まりを述べると、先生も判事も困った

マス目のパラドックス

何者かに捕えられたと想像しよう。両腕を縛られ、目隠しをされた状態で密室に連れてこられた。床に、次のようなマス目がある。

1	2	3
4	5	6
7	8	9

自分がマス目のひとつに立っているのは知っているが、どのマスかはわからない。自分がどこにいるのか当ててほしい。しかしたった2回しか動いてはいけない。動いた、とカウントされるのは、上下左右の隣のマスに移る動きである。隣に移ろうとして外の壁にぶつかったら、1回動いたとしてカウントされる。捕えた人物は「それは無理だ。その位置は2回動いただけで当てるのは難しい」という。

この言葉が本当ならば、角のマスにはいないと考えられる。角のマスにいれば、2回の移動で自分の位置がわかってしまうから（例えば、上と右に動いて壁にぶつかるなら、3のマスにいることになる）。角のマスにいるならば、2回動いたらそれとわかるから、今度は偶数の番号がついたマスも除外できる。上に1回動いて壁にぶつかったら、自分が2のマスにいるとわかる（これは1と3のマスにいても同じだが、この2つのマスはすでに除外されている）。同じように考えていくと、たったひとつのマスが残る。真ん中のマスの5だ。あなたは「5のマスにいる」と言い渡す。一歩も動かずに、見つけられないといわれた位置を明らかにできたのだ。

これは本物のパラドックスだろうか。もし違うのなら、なぜだろうか。

●解答

この似非パラドックスは、1982年にロイ・ソレンソンによって発見された。セインズベリーが示すように、ここでパラドックスが生じるのは（1）2回何らかの動きをすれば発見できる、（2）2回どう動いても発見できる。これがはっきりしないのが原因だ。多くの場合、正しく2回動くことで位置がわかるが、どう動いてもわかるというわけではない。例えば、上の穴だらけの論理にきわめて重要な角のマスだが、壁に向かって歩くのでなく、反対に離れる方向に動いてしまったらわからないだろう。

ことになる。判事がもっと頭を使って「来週のいずれかの昼に死刑となる。いつになるかは知らせない」といえば、パラドックスは生じない。前述の似非パラドックスでは、判決や先生は、そこにとどまらず、囚人や生徒の未来の予測についてしゃべってしまっている。これは司法面だけでなく知りうる真理の範囲をも超えている。判事は絞首刑を執行する権力も、執行日時を決める権力もあるが、抜き打ちでなければならないという権利はない。したがって、囚人が「抜き打ちでなければならない」「もし抜き打ちできないなら刑の執行もできない」と考えたのは、浅はかだったといえよう。

第3章 論理と真理

言葉による指示を間違ってしまうとき

　私たちは毎日、何かしら物について話している。物事に言及し、それについて考えを述べようとする。これが日常的におこなわれていなければ、驚きを持って受けとめられることだろう。実際、このことは驚くべきことなのだ。言葉で正しく表せているならば、問題もないし、あたりまえととらえられる。しかし境界線にあえて踏み込もうとすると、間違ったものを示しかねない。

　言及とは、対象を言葉で表すことである。言葉とそれが意味するものの関係でもある。いちばんわかりやすいのは固有名詞(例えば「ソクラテス」とか)だが、普通名詞(「砂」「ヒョウ」)も物事のタイプや複数性を表す。「キャンプに持っていくもの」のようなその場限りのカテゴリーも言及できる。頭の中で考えるのにも言葉を使うという点で、言及は思考によって成り立つともいえる。指差しや頭を振る、片方の眉を上げるといったしぐさでさえ、何か物事を示している。他方、定量化(「いくつか」「すべて」「どれも」のような言葉)は、思考と言葉が物事を表し、世界について、その内容やありようについて説明できるようにする、明確だが関連する現象である。

意味と使い方 ―――――●

　個人レベルでは、対象を完全に言い表せていると感じる言葉を発見することがある。子どもの頃には「アヒルはガーガーと鳴き、泳ぐ鳥をさす」と習った。
　しかし、より広い視点から見ると、言葉は発見するものではない。新たに作り出したり、特別な意味を持たせたりするものだ。言葉の意味は進化するものだし、その言葉が広く認められる前に新語として紹介されることもしょっちゅうだ。言葉が言葉の意味を持つのは、社会的に選択されるからである。しかし、社会的選択は通常、個人の視点からみれば既成事実で、こちらの同意を求めるというより同意せざるをえない。
　もちろん、『不思議の国のアリス』に出てくるハンプティ・ダンプティのように、好き勝手な意味で言葉を用いることもできる。しかし私たちがもし、好き勝手な意味で言葉を用いるようになったら、首尾一貫した世界観を互いに伝え合うことはもはや不可能である。実際、言葉の意味を好き勝手にできるようになったら、そのうち、こんなふうにいう人も現れかねない。「30[8sf d#fk?q jao!e fp*-4mg]pvk%9o.」。

言及できないこと ―――――●

　もっと面白い意味で「言葉が言及できない」こともある。例えば、「ペガサス」がそうだ。飛ぶ馬など存在しないから、「ペガサス」は存在せず、したがって「ペガサス」は言及できない。とはいえ「ペガサスは空飛ぶ馬だ」というのは本当のことらしく思われる。「虚構での真実」といえるだ

ろう。それがどんなに本当らしくても、空飛ぶ馬が少なくとも一頭いることではないからだ。アメリカの論理学者ウィラード・ヴァン・オーマン・クワインは、「ペガサスは存在しない」という代わりに「何もペガサない」といったらどうかと考えた。

説明は明確だが言及できない場合はほかにもある。例を挙げてみよう。

(1) ネパールの現在の王は裕福ではない。
　もはやネパールに王はいないため、問題が生じている。文の主語にあたるものが存在しないから、何も言及していない。

(2) ネパールの現在の王は裕福だ。
　この文も正しくない。この結論を免れるために、バートランド・ラッセルは(1)の文を次のように書きかえた。

現在ネパールの王はひとりおり、ほかに誰もおらず、しかもその人物は裕福ではない。

明確な論理的構造によって、この文は存在しないネパール王の富を暗示することなく、さまざまな方法で虚偽になりうる（例えば、君主制の終焉により、などを付け加える）。

指示できないもの

すべての現実を「言い表せるもの」と「それ以外」に分けることができるのは、明らかであるように思われる。問題は「それ以外」については何もいえないということだ。いってしまえば、「言い表せるもの」になってしまう。

◆ **標識を見る**

この標識は「何もない」と書いてある。何についても言及しない表現は、無意味である。だが、この標識は無意味ではない。できそこないの標識ではない。

何もない

下の図を誰かに説明してみよう。「言い表せないもの」を言い表すという論理学上の禁を犯してはならない。

自分が言い表せないもののことは言い表せない。この主張は正しいように思えるし、同語反復のように見える。しかしよく考えると、主語では何も指示していない。仮に、主語が何か指し示していたら、自己矛盾になり、実際おかしなことになってしまう。

言及できることは、円の中

言及できないことは、円の外

第3章　論理と真理　53

自己言及

言及は、言葉がそれ自体を超えた何かを意味する能力をさすという場合もある。なるほどと思わせるが、あまりいい説明にはなっていない。私たちが世界や自身、他人について語るとき、言葉はそれ自体を超えて意味するといえるが、また言葉はそれ自体を意味しうる。つまり言葉は自己言及できるのだ。言葉について、あるいは言葉の使い方をさす言葉は多い。しかしいくつかの言葉や言葉のコンビネーションはその言葉のみに当てはまる。

自己言及の言葉は無害なので、そこに何か疑わしいことがある、とは考えにくい。例えば、次の文にも、明らかな間違いというのは見当たらない。

「この文は、リストの最初に出てきます」
「この文は短くまとまっている」

それよりは面白い例だが、以下のものもとくに理解できないことはない。

「この文は、自己言及的である」
「このスピーチは最初に簡単なコメントを述べ、次に感謝の言葉を申し上げます。ありがとうございます」

逆の自己言及

深い感情を言葉で表そうとすると、奇妙に間接的な、しかし一般的によく見られる自己言及が生じる。例えば、「どれほど感動したか、言葉では言い表せないよ！」

これは誰にでも理解できる表現であり、深い感動を効果的に表しているといえる。しかしこの文そのものは感情を伝えることはできない、といっている。

ほかに効果的でも無害でもない自己言及もある。自己言及がもたらすあからさまなパラドックスにたどりつく前に、ほかのタイプの——実質も価値もない——問題を見ておこう。自己言及によって、輪の中をぐるぐるとむなしく回り続け、指示対象に行きつけない（犬が自分の尻尾を追いかけて回り続けるのと同じ感じ）ような場合だ。気晴らしにはなるが、またすぐにイライラしてくるだろう。以下の例をどうぞ。

（1）この文は正しい。

この文はそれ自体のことを言い表している。以下の文も同じ。（1）をフランス語に翻訳したものである。

（2）Cette phrase est vraie.

両方の文は同じことをいっているのだろうか？　正しく翻訳しているのだから、同じはずだと思うだろう。さらに、（1）も自分のことをいっているし、（2）もそうだ。それでも、（1）と（2）は同じ文ではない。2つの文が異なる文について言及している以上、同じ意味を持つことはありえない。したがって同じ主張をしているはずがない

のだ。

しかし、(1)の文は何を意味しているのか？　哲学者たちは平叙文の意味するものをさまざまな方法で説明している。例えば、その文が本当であるような条件を明示する、あるいはそれが正しいという証拠を得るためにすべきことを示す、などである。例えば、次の(3)のような文が正しいというには、どんな条件で何を知る必要があるのかははっきりしている。

(3) その新生児は男の子です。

この文は率直に事実を述べている。これが正しい条件もわかりやすい。新生児が男の子なら真実だし、そうでなければ偽りとなる。ここで根底にある理屈によれば、事実と当てはまるときのみ(3)が真実だといえることになる。あるいは、真価を決めるのに必要な確認の手順を踏むことによって、こうした文の意味が示される。ここに挙げたのは単純な観察の例だが、ほかの場合もある。

文が正しいかどうかを判断するには、現実と照合しなければならない。その文が言及している文が正しいかどうか次第だが、それこそ私たちが知りたいことである。こうして私たちはまたもやぐるぐる回り出す。イライラするが、何をしても答えには近づけない。同様に自己言及のおかげで、iが言及する現実はそれ自体ということになる。正しいかどうかはほかの誰も確かめられない。私たちは再び輪の上を回り出し、この文自体に戻ってくるしかない。したがって、iが正しいか否かを決めるのは不可能である。

どちらの意味の理論に基づいても、(1)

真実を探す

人々が輪の中に立っている。それぞれ右隣の人を指差している。誰かが「この人が言おうとしていることは真実です」という。あなたは指をさされた人のほうに目を向ける。ところが、その人が右隣の人を指差し、「この人が言おうとしていることは真実です」という。隣の人も同じだ。こうして一巡した。何か最終的な中身がほしい。そうすれば最初の主張を確かめられる。しかし、そのたびに違う人が指差され、あげくに最初の人に戻ってしまう。そしてその人は前と同じ言葉を繰り返すのだ。毎回いわれることを理解できれば、初めの主張が無意味だといえるだろうか？　全体に意味がないのに部分のそれぞれがすべて意味を持つことなどありえるのだろうか？

の意味は決められない。文の内容は何もないのと同じだ。自己以外の何ものも指示しようとしないために、この文は何も教えてくれない。真実かどうかを検証するために観察すべき場所もないのだ。

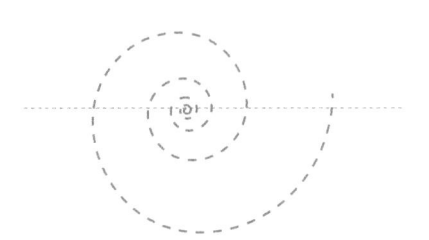

第3章　論理と真理　55

自己を入れるか否か

ここまで見てきたように、根拠がない文もある。どんなに検証を試みても、同じところをぐるぐる回るばかりで、終結することがない。文が表す現実と重なりあい、密接に合致し、しかも完全ではない。正しいことを実証しようとするたびに、根拠とする基盤が崩れていく。

集合の導入

集合理論に関連する現象がある。これは「基礎の公理が成り立たない集合」として知られる。集合とはものの集まりであり、これらは「要素」「元」と呼ばれる。集合は、そこに含まれる元によって同定される。したがって異なる集合がまったく同じ元の集まりであることはない。「基礎の公理」と呼ばれるルールによって、十分根拠のある集合であることが保証される。つまり集合が自分自身を元として持つことはできず、自身の部分集合の元となることもできない。しかし、この公理は任意であり、形式に近い。基礎の公理のない集合理論は、公理を持つ集合が正しければ、論理的に矛盾がない。基礎の公理が成り立たない集合は、さまざまな場面で研究されてきた。

単元集合 s は、たったひとつの元 s を持つ。つまり、自分自身である。これを $s \in s$ と表す。これは、「s は s の元である」の簡略表現である。同様に、$s=\{s\}$ は単元集合であり、s のみを元として持つことを意味する。こうして、連鎖はいつまでも続く。s は s の元であり、s の元であり、s の元であり、s の元であり……こんなふうに表現することもできる。$s \in s \in s \in s \in s \cdots\cdots$

どこかで見たことがないだろうか。この基礎の公理が成り立たない集合 s は、根拠のない「この文は正しい」によく似ている。単元集合 s を同定することは、その要素に目を向けることである。しかし、s の要素は s のみである。s の皮を剥いても剥いても、何も出てこない。剥かれるのを待っているそもそもの「s」以外には。

今ここに集合 v があるとする。v は単集合であり、v のみをその元として含む。これを違う表現に置き換えると、$v=\{v\}$。上記と同じ理屈でこうなる。$v \in v \in v \in v \in v \in v \cdots\cdots$

集合 v は集合 s と異なる。しかし、両者は自身を元に持ち、元はそのひとつのみである、という特性を共有する。どちらも中身はわからない。しかし集合を区別するには、それぞれの元を見るしかない。両者の違いの根拠は結局わからないままだ。

話を先に進める前に、集合 a と集合 b について考えてみよう（a は b と異なる）。$a=\{b\}$ かつ $b=\{a\}$。この場合、a は単集合で a の元は b ひとつである。一方、集合 b もひとつの元を持つ。すなわち a である。こうして奇妙な無限の真理ができてしまう。$\cdots a \in b \in a \in b \in a \in b \in a \cdots$ ひとつの箱を開けてほかの箱を探そうとするが、それを開けてみると、今度は最初の箱

が現れる……というようなものだ。

　基礎の公理が成り立たない関係は陰陽のシンボルによく似ている。陰（影）は陽を取り囲むと同時に、陽の中心にある。陽（光）も陰を取り囲むと同時に、陰の中心にある。

自己を要素に持たない ●

　グルーチョ・マルクスはこういった。「自分を入会させるようなクラブには入りたくない」。機知に富むのは確かだが、自分自身を要素として含まない集合の集合についてのバートランド・ラッセルのパラドックスへの橋渡しとしてもふさわしい。

　ラッセル以前、論理学者たちは、どんな集まりでも集合になると幅広く考えていた。例えば、どんな属性Pであれ、Pという属性を持つあらゆるものxを含む集合を作ることができる。この集合は次のように表される。$\{x : Px\}$

　しかし、ラッセルは、包摂公理と呼ばれる定理は誤りであると示した。まず集合に「自分自身を要素として持たない」という条件を与えた。つまりPxは$x \notin x$だとする。このとき、自分自身を要素に持たないすべての集合を要素として持つ集合$\{x : x \notin x\}$が、存在するはずだ。具体的に例を挙げるなら、自分自身についての項目を持たないすべての百科事典を載せている百科事典、といったところか。

　ここまではよさそうだ。では、その集合そのものについてはどうだろう？「自身をその要素に含まない」属性を持つものすべてとあわせてリストを作るべきだろうか。百科事典の百科事典は、自身の存在の記述を含むことになるのか？

　一見、そうすべきではないように見える。この百科事典に自己言及的な項目を入れるのは「自分自身を要素として持たない」という条件に外れる。

　ここで取り上げている百科事典は、自身について記載することができない。このことがパラドックスを生む。自身について一切載せないことで、「自分自身を要素として持たない」という条件を守っている。したがって、自身について言及しないほかの百科事典と同じようにリストに載せるべきだ。しかし、見てきたように、それを含めると、「自分自身を要素として持たない」という条件を守っていないことになる。

　ラッセルのパラドックスは、集合論を前進させた。しかし、私たちがここで考えてきた百科事典はどうすればいいのだろう。百科事典が自身について言及することは「すべきでない」とされ、自身について言及しないことが「すべき」とされている。百科事典の編纂者にとっては、これは解決できないパラドックスである。

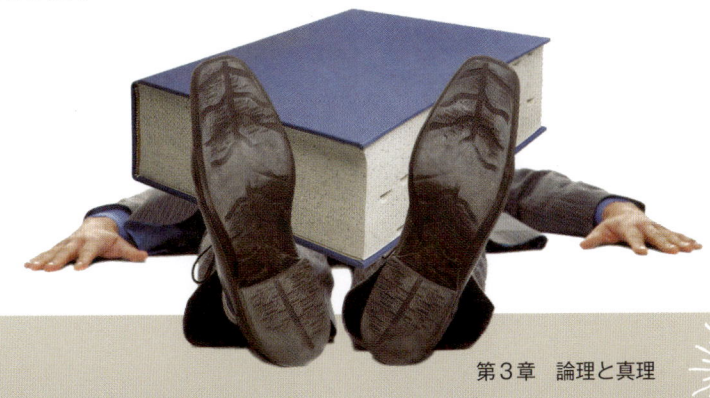

第3章　論理と真理

「わたし」にとっての「私」

すでに言及してきたように、「言及」とは、私たちがおこなっていることであり、私たちの言葉がおこなっていることである。単語や文(これも含む)は自身について語ることができる。このことがパラドックスを生む可能性があるが、通常はたいした実害もない。しかし話が個人的な意味での自己言及となると、さまざまな謎や問題が浮上する。

私のことでいえば……

自分の話ばかりで相手の話を聴くマナーを持ち合わせない人というのはどこにでもいる。個人的な自己言及は、「この文は正しい」のような根拠のない主張が、論理学的あやまちであるように、社会的あやまちになりかねない。

自分は自分自身について言及できる、ということは自意識の――つまり、変化があろうと自分は自分だ、という意識の重要な部分である。私の経験はすべて、無条件で私のものだ。そうであれば、すべて私が主語となり、一人称で語ることができる、と思える。朝目覚めるとき、「昨夜、私として眠りにつき、私として今目覚めた」と言及できる、ということだ。

自己内省

デカルトの有名な第一原理「我思う、ゆえに我あり」は、経験という帽子から、形而上学的なウサギを引き出す。経験は自己言及を招くが、存在はそれを正当化する。あなたは出来事なのか、それとも実在なのか。あなたは「誰」なのか、それとも「何」なのか。

スティグラーの法則

歴史でヒーロー扱いされるのは、2番目の人物である。一方、本物の発見者は忘れられる。法と発見はたいてい初めに考えた人物でなく、それほど貢献していないが有名な思想家の業績にされる。この傾向はすっかり定着し、スティグラーの法則として法則化されている。この法則によれば、科学的発見に、第一発見者の名前がつくことはない。スティーブン・スティグラーは法則に自分の名前をつけたが、これはほかの誰かが考えたことであることを示唆している。

「私はわたし」

「私はわたし(I am me)」という文がそのようにいった本人にとっては真実を表している、ということに疑いの余地はない。ただ、この文をA=Aと同じくらい中身がない、と説明してしまっては簡単すぎる。どちらにも異論を唱える人はいないだろう。しかし、私は2つのアイデンティティに違いがあるのを知っている。A=Aからは新しい情報が生まれないが、「私(I)はわたし(me)」から思いがけない事実が明るみに出る場合もある。

私、マイケル・ピカードの実話である。

4歳の誕生日を迎えて間もなくのことだった。私はひとりで革張りの肘かけ椅子に座っていた。擦りきれた椅子の肘から、白い詰め物がのぞいていた。兄たちは時々この詰め物を食べるふりをして、弟たちをびっくりさせようとした。スライスしたパンの白い部分をちぎって丸め、おどけた表情で口に放りこんだ。それはまるで椅子の詰め物を食べているように見えた。私はそれほど子どもでなかったので、いたずらだとわかった。しかしある日、たまたまひとりでパンを食べていて、パンの白い部分を丸めてみた。「僕は詰め物を食べている」と自分をだまし、丸めた白いものを食べると、なんとそれは……パンじゃないか！　こうやって、私は自分をだますのに成功した。そして今、自分自身に触れていた。私が初めて存在を実感した瞬間だった。この気づきは大きな驚きとして訪れた。「私Iはわたしme」である、と。

わずか数年後、アメリカの心理学者ウィリアム・ジェームズが「私I」と「わたしme」をどのように区別しているかを学んだ。そこでは「私I」は私の経験の主体であり、「わたしme」は私の経験の対象（目的物）とされていた。私は、私の経験の目撃者だ。このIは主観性を持つ主体としての「自分自身」である。しかし、目的語としての自分自身も経験する。例えば自分が肉体を持つ存在だということを確認するかのように、体のどこかを叩いて「これはわたしme」といったりもする。

この目的語meはまたほかの主語にも用いられる。親やきょうだいのように、同じ環境にいる人たちにも。

うまく自分をだまして遊ぼうと思ったら、主語と目的語、「私I」「わたしme」を区別しなければならない。「私I」が何かを考えたら、「わたしme」は違うことを考えなければならなかった。私が自分をだましたとき、「私I」が正しく、「わたしme」がはめられているのだと思っていた。それが失敗だった。

第3章　論理と真理

嘘つきのパラドックス

いわゆる「嘘つきのパラドックス」は、聖書の中のパウロがテトスに宛てた手紙に登場する。「『クレタ人はいつもうそつき、悪い獣、怠惰な大食漢だ』。この言葉は当たっています」(テトスへの手紙１：12-13)

もし、パウロがいうように証言が真実なら、クレタ人はいつも嘘をついている。もし、いつも嘘つきであることがいつも嘘をついていることを意味するならば、この証言は嘘だ。パウロはこれが正しいというべきではなかった。もし、パウロの言葉に反して、証言が真実でなければ、クレタ人はいつも嘘つきというわけではない。つまり嘘つきでないときがある、ということだ。

いかにして嘘をつかないか ●

聖書で誤って公式化されてしまったが、嘘つきのパラドックスは嘘とは関係がない。「嘘つき」は人の性質を表す。「いつも嘘つきだ」というのは常にそのタイプの人間であることを意味する。しかし、そのタイプの人間が必ずしも常に嘘をつくとは限らない。本物の嘘つきといわれるには、定期的あるいは普段から嘘をついていて、周囲から本当のことを話していると思われない、という状態で十分だ。さらに、嘘をつくとは人をだますつもりということだ。「私は今嘘をついている」というと、嘘つきのパラドックスと間違えられかねないが、これは話し方を間違えたにすぎない。

自分をもっともらしく見せるために、嘘をついているという事実を隠そうとする嘘つきは、こうした率直な暴露を用いない。嘘つきはひとつの信じられそうな嘘を信じてもらうために、本当のこともたくさん話す必要がある。その最中に「嘘をついています」と素直に認めるのは、単に馬脚をあらわしたにすぎず、誰もだましていない。「あなたに嘘をついています」といってくる人は、あなたを担いでいるのではない。彼らは嘘をついているという。確かに、彼らの話は間違っている。しかし話すことは本当でないものの、嘘をついていますといえば、だまそうとする意図はなくなるのだ。

もっと信じられる嘘 ●

嘘つきのパラドックスのいちばん良い形は、嘘をついていると一切いわないことだ。嘘だという場合は次のような言い方がある。

(１)「私が今いっていることは偽だ。」
(２)「この文は偽だ。」
(３)「前の文で表した命題は偽だ。」
(４)「今、この文で表す命題は偽だ。」

(１)と(２)が最も直接的な言い方だ。
(３)は命題について重要だが物議を醸す概念を導入する。ある文がひとつの真理を述べるのに使われると「命題」と呼ばれる。同じことをさまざまな言い方でさまざまな言葉を使って表すことができる。しかし、命題そのものは変わらない。

きわめて異なる文（例えば、違う言語で書かれている場合）が、同じ命題を表すこともある。命題とは抽象的なもので、命題が真偽の本質的な判断を担うとみなす哲学者もいる。文章や思想、信念といったものが真偽を問われるのは、真か偽かの命題を表しているときに限る。（4）は表現するのに用いる文にだけでなく、命題の中にパラドックスがある。

二値論理 ●

（1）から（4）まで、それぞれの文が本物のパラドックスであることを論理的に考えてみよう。（まず「どれも真である」と仮定し、それが正しくないことを証明する次に「どれも偽である」と仮定し、やはりこれも正しくないことを証明する）

注意深い人なら、自分の考えが二値論理に基づいていることに気づくだろう。二値論理ではあらゆる命題は真か偽のどちらかになる。

二値論理を疑問視することは、絶対的な「真」と絶対的な「偽」との間のどこかに真理値の存在を認めることを意味する。半面の真理、真理度、そのほかいろいろな第三の価値が提案されてきた。おそらく真や偽のほかに真理値はある。それを「変」と呼んでみよう。この点から見ると、（2）はこの文が主張するような偽ではなく変なのだ。だから真である、ということには決してならない。こうしてパラドックスは回避される。

変な文

「変」のような第三の真理値を使えばパラドックスを回避できるが、別の面倒に足を突っ込むことになる。次の「この文は『変』か『偽』のどちらかだ」という文について考えてほしい。3つの真理値すべてを仮定し、二値論理でなくても矛盾が生じることを示してみよう。

ヒント：宣言命題のうち、少なくともひとつが「変」なら、宣言命題は「変」になる。

パラドックスは二値論理を用いなくても生じる。これは、ほかの方法でも見ることができる。例文で「偽」の代わりに「真でない」を使う方法である。この修正されたやり方で考えるなら、違う論理法則が必要になる。排中律として知られる法則によると、すべての命題は「真」か「真でない」かのどちらかだ。実際には二値論理も排中律も捨てがたいが、哲学者たちの創意にとどまっている。

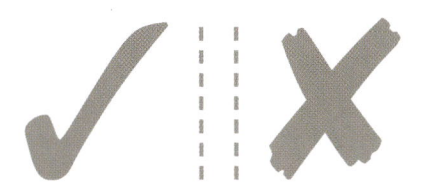

◉解答
もし本当ならば、この文は「変」でも「偽」でもない。いずれにしても真ではない。もし偽であれば、文は「変」でも「偽」でもない。したがって偽でない。真でも偽でもないので、変だということになる。しかし、もし「変」なら、最初の宣言命題は「真」となる。「この文は『変』か『偽』のどちらかだ」が真になるわけだ！

第3章　論理と真理

馬鹿げたパラドックスから崇高な真理まで

　ここで考えてきたパラドックスには、そこそこ楽しめるものもあるが、論理的思考の深部に届くものもある。場合によっては、風変わりなパラドックスと核心をつく原理の違いは紙一重なのである。

　嘘つきのパラドックスは実際のところ、嘘をつくことについて述べているのではない。嘘を口にしなくても、だまそうとする意思を含まなくても、このパラドックスを説明できる。必要とされるのは偽りの概念だけだが、それも真実や否定によって置き換えられる。しかし、偽りも否定も必要な概念ではないことがわかる。その２つがなくても、真理の概念や自己言及が持つ力によってパラドックスが生じるからだ。

　さあ始めよう！　Aにはどんな文でも入る。Bは次のような文になる。

　（B）もし、Bが真なら、Aも真である。

　Bが真なら、Bの先行詞（条件節）は明らかに真である（B自身が先行詞だ）。しかし、条件節Bが真で先行詞が真ならば、結果（帰結節）も真に違いない。AはBの結果だから、Aも真に違いない。

　Aがどんな文でもあることを除けば妥当に思われる。ここで私たちはあることを証明してみせた。否定を使うことなく、嘘つきのパラドックスが真理と自己言及の組み合わせから生じることを示したのだ。

根拠のない嘘 ●

　真理という概念と証拠という概念を入れ替えたら、この自己言及的パラドックスに面白いことが起こる。矛盾が見つかるのでなく、論理学の主要な定理、中でもクルト・ゲーデルの「不完全性定理」が明らかになるだろう。さあ、もうひとつの特殊なパラドックスから話を進めていこう。どこが間違っているのか考えてみたい。

　「私がいうことは証明できない」

　この命題は証明できると仮定する。そうすると、この文がいっていることは正しいに違いない。しかし証明できないといっている。もし、証明できると仮定したら、証明できないことを証明した。だから、証明できるという仮定は間違いになる。この方法は失敗だった。もうひとつの手段にトライしてみよう。証明できない、と仮定するのだ。まさに命題自身がいっていることであり、完全に正しい。ここで証明は完了する！

問題 ●

　このパラドックスは本物ではない。証明という言葉の曖昧さに頼ってしまっている。日常生活で証明というと、単に強力な証拠を意味する。正しいと示せるものであれば何でも証明される。しかし、数学では、証明の定義はもっと厳密だ。適正に定義された公式（例えば算数用語）の連続であり、

それぞれはひとつの公理の例になっているか、あるいはある種の推論のルールにしたがい前の公式から引き出されるかである。

これらのルールは、ひとつの真理から次の真理を導き出すために、正式に定義されている。証明可能な論理式は常に正式な言語、同じ言語で示される公理、許容規範との関係で定義される。ある論理体系における証明可能性の正確な概念にこだわるなら、上述のパラドックスについての議論は間違いだと思うだろう。

パラドックスから定理へ ──●

本物のパラドックスではなく、数学についての注目すべき事実が浮上した。不完全だということだ。

証明可能性という厳密な概念によれば、真理という概念から証明可能性の概念を分けて考えることになる。例えば、算数における真理の集合は、算数の公理化で証明できる定理の集合と必ずしも同じではない。事実、同じではないのだ。

ゲーデルは、真だが算数のシステムでは証明できない算数公式を作った。正しいことはわかっても、あなたが知っているやり方では証明できないことがわかる。違ったやり方なら証明できるかもしれない。しかし、そのシステムにも欠陥があるだろうし、それ自体、算数的真理が除外されてしまう。

ところで、ゲーデルはこの不完全性をどうやって証明したのだろう。彼はそれぞれのシステムにおいて、当該システムでは証明できないという公式を簡潔に表す方法を見つけた。「私は証明不可能である」というのがそれである。

ゲーデルは証明を算数の主張として扱い、うまくやってのけた。すべての公式に固有の番号を割り振っていき、次に一連の公式に割り振っていった。このようにコード化することで、「この主張は、このシステムでは証明できない」という公式の番号をすぐに見つけることができた。

あるシステムにおいて証明可能なら、この公式は間違っている。証明不可能だといっているだけだ。この場合、システム自体が間違いだと証明されたかに見えてしまう。しかし、その公式がそのシステムで証明不可能であれば、それは真である。公式はわかるが証明できない。システムは不完全なのだ。

練習問題 3 ヤブローのパラドックス

問題

「呼ばれる人は多いが、選ばれる人はごくわずかである」。言い換えると、天国まで無限に続く行列ができているが、全員がそこに入ることを許されるわけではない。列に並ぶ人はみな、自分が最後のひとりになれるだろうか、列に並んでいるほかの人たちは正直で本当のことを考えているだろうか、と考えをめぐらしている。ある瞬間に、列に並んでいる人はみな、次のように考えているとする。「自分より後ろに並ぶ人が今この瞬間に考えていることは、真ではない」。列に並んでいる人がある瞬間に考えていることは真であるとともに偽でもある。このパラドックスを説明してみよう。

解き方

このパラドックスはロイ・ソレンソンが考えたものをもとにしているが、それももとはスティーブン・ヤブローが作ったパラドックスがモデルになっている。ヤブローのパラドックスは、無限の続く文のリストからなっている。リストに並ぶ文は、論理的に一貫した形で真理値(真か偽か)を割り当てられていない。

(1) 後に続くすべての文は偽である。
(2) 後に続くすべての文は偽である。
(3) 後に続くすべての文は偽である。
(k) 後に続くすべての文は偽である。

問題を見ていくと、最初の文は真でも偽でもありえないことがわかる。(1)は真だという仮定から矛盾を引き出そうとする。それで(1)は偽に違いないというわけだ。ところが(1)は偽だという仮定からも矛盾を引き出すことができる。

もし(1)が真ならば、残りの文はすべて真ではない。これはまさに(1)がいっていることだ。(1)以外がすべて真ではないならば、(2)以降のすべての文についても同じことがいえる。この場合、(3)以降の文は明らかに真ではない。これはまさに(2)がいっていることであり、(2)は真になる。したがって(1)が真ならば、(2)

は真でもあり偽でもあることになる。それは不可能だから、(1)は真ではないことになる。

　反対に、(1)は偽であり、(1)以降の文がすべて真ではないことはない、と仮定してみよう。つまり、(1)より後の文のうち、少なくともひとつは真に違いない。その文を(k)とする。(k)は真だから(k)より後の文は真ではない（k+1を含む）。結局、(k)に書いてある通りだ。(k+1)より後の文も真ではない。しかしそれはまさに、k+1がいっていることである。ここで「真ではない」としたが、k+1は真だ。こうして(1)が偽でないならば矛盾は先送りされる。(1)は真でありえないが、偽でもない。これがパラドックスなのだ。

　注意しよう。もしも(1)が真ならば、その後のすべての文は真ではない（(1)自身がそういっている）。また、リストのいずれの文も真にするものは、(1)を真にするものにすでに含まれている。後のほうに出てくる文は常に(1)が言及するリストの部分集合に言及する。結果として、もし(1)が真ならば後の文もすべて真だ。したがって、(1)であるとすると、その後の文は真にも偽にもなり、パラドックスとなる。だから、(1)は真であってはならない。しかしこれでは、いま見てきたように矛盾が先送りされたにすぎない。後に来る文のうち、少なくともひとつは真に違いない。すると、その後の文でパラドックスが生じる。

解決策

　ヤブローのパラドックスは、嘘つきのパラドックス（60ページ参照）の無限ヴァージョンである。嘘つきのパラドックスのほかのパターンと違い、自己言及（54ページ参照）の要素を伴うようには思えない。ただし、この主張はよく反論される。この問題が重要視されているのは、すべてのパラドックスの解決法として、自己言及を除外すればよいと提案する人がいるからだ。そのような解決法は本書にとってまた問題となる。54ページと本ページが互いに言及し合い、自己言及で認められない検閲機能が働いているからではない。本書で扱っているテーマ（これこそ自己言及的な言い方だが）が抹消されてしまうからだ。

　そんな本書の存在に関わる脅威もあるにせよ、ここで取り上げた行列は以下のようにパラドックス的である。列に並んでいるある人（k）が、その瞬間に本当のことを考えているとする。kが考えることは真であるから、kより後に並ぶ人はみな、真でないことを考えている。しかし、もしもkの後に並んだ人の考えたことが真でないならば、k+1の後に並ぶ人の考えたことも真実でないことになる。k+1の考えたことは真でない（k+1はkの後に並んでおり、kの後に並ぶ人が考えていることは真でない）と同時に、パラドックス的ではあるが真である（上記の部分集合が真でない考えを持っている、ともいえる）。問題になっているその瞬間、kの考えたことは結局真でない、ということになる。となると、少なくともひとりの人物j＞kが、その一瞬に考えたことは真である。しかしまさに同じ理屈によって、j+1の考えていることは真にも偽にもなりうる。

第4章

数学的パラドックス

　数と無限は、多くのパラドックスを生む源だ。どちらも明白で純粋で、面白くて、目が回りそうになる。非現実的なパラドックスについて考える前に、無限の数学的理論によってのみ解くことのできる難しい謎を見てみよう。無限は不思議な存在だ。自分の一部に自分と同じ大きさの無限がある。無限の無限があるために無限の大きさに大小があり、より大きな無限というものもある。単なる「全部」より、無限のほうが大きいのは明らかだ。

古典的ぺてん

このパラドックスは、英国の数学者・論理学者オーガスタス・ド・モルガン（1806〜1871年）の手によるとされる。実際、素晴らしい。モルガンは初等代数学を使って、x=1ならx=0になることを証明してみせた。どう考えてもばかげた結論である。間違いがきっとある。でも、どこに？　ここにモルガンの証明を紹介しよう。

ステップ1：$x=1$

ステップ2：両辺にxをかける。
$$x^2=x$$

ステップ3：両辺から1を引く。
$$x^2-1=x-1$$

ステップ4：両辺を$x-1$で割る。
$$\frac{x^2-1}{x-1}=\frac{x-1}{x-1}$$

高校時代に習ったことを思い出して、$x^2-1=(x+1)(x-1)$とする。忘れていたら、「平方の差」で検索してみるといい。さて、証明を続けよう。

ステップ5：$\frac{(x+1)(x-1)}{x-1}=\frac{x-1}{x-1}$

ステップ6：共通因数を消す。
$$\frac{(x+1)\cancel{(x-1)}}{\cancel{x-1}}=\frac{\cancel{x-1}}{\cancel{x-1}}$$

ステップ7：よって
$$x+1=1$$

ステップ8：両辺から1を引くと
$$x=0$$

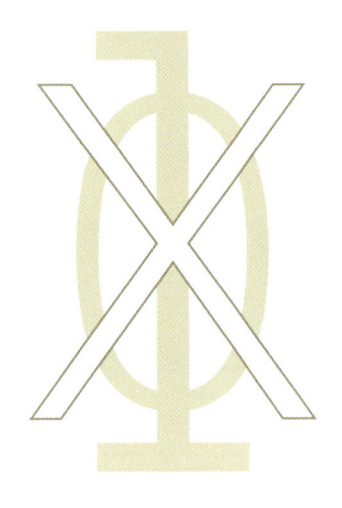

なんて美しい！　x=1ならx=0になると、はっきり証明されてしまった。これぞ本物の、完璧なパラドックスだ。

本当をいうと、これはパラドックスなどではなく、むしろ誤謬というにふさわしい。本来パラドックスは、見たところもっともな理屈によって、道理に合わない矛盾した結論に導くものだ。この場合、見抜くのは難しいが、明らかに間違いがある。モルガンはもちろんそのことに気づいており、自分の「証明」は、ただの好奇心をそそる面白いパズルにすぎないといっていた。

◆ **チャレンジ**

次の証明「2=1」を解いてみよう。間違いに気づけるだろうか？
ステップ1：aとbの値は等しく、0ではない。　　　　　$a=b$
ステップ2：両辺にaをかける。　　　　　　　　　　$a^2=ab$
ステップ3：両辺からb^2を引く。　　　　　　　　$a^2-b^2=ab-b^2$
ステップ4：両辺を因数分解する。　　　　　　　　$(a+b)(a-b)=b(a-b)$
ステップ5：両辺を共通因数$(a-b)$で割る。　　　　$a+b=b$
ステップ6：しかし、初めにa=bと仮定したから…。　$b+b=b$
ステップ7：よって　　　　　　　　　　　　　　　$2b=b$
ステップ8：両辺をbで割ると　　　　　　　　　　　$2=1$

モルガンの証明の欠陥

ステップ4で、両辺を$x-1$で割っていることに注目しよう。ごくあたりまえに思うかもしれないが、この前提は$x=1$だったはずだ。だから、$x-1$で割るのは0で割るのと同じで、数学的にはありえない。

なぜ、0で割るのが数学的にありえないのか、わり算の定義に戻って確かめよう。わり算は、かけ算の逆だ。つまり、$a÷b=c$というのは$c×b=a$といっているのと同じである。実際の数字を使って説明すると、$8÷4=2$というのは$2×4=8$を意味する。

0で割ろうとすると、まずいことがいろいろ起こる。$a÷b=c$というのは、$c×b=a$といっているのと同じだ。$b=0$だったらどうなるだろう？　$a÷0=c$は$c×0=a$を意味する、といってみても何の意味もない。もし、aが0以外の数だったとしても、$c×0=a$となるようなcはない。aが0と等しいなら、cがちゃんとした数でも意味がない。

0で割ることは意味がないから、数学では除外されている。だから、モルガンの証明のステップ4はルール違反である。あとに続く証明も無意味なのだ。

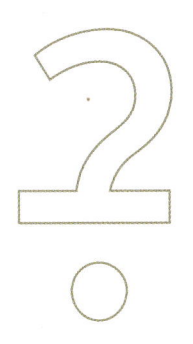

● **解答**
今度はステップ5で、0で割ってしまっている。

第4章　数学的パラドックス

消えた1ドル札の謎

　純粋主義者は、パラドックスについて書かれているはずの本書に単なる「謎」がまぎれこんでいる、と憤慨するかもしれない。しかし、「消えた1ドル札の謎」は「はじめに」で述べたパラドックスの――確かにゆるいが――定義にぴったり当てはまる。見たところ確からしい理屈から導き出された不条理で、矛盾していて、反直感的な結論、というあの定義だ。いずれにしても、消えた1ドル札の謎は面白くて無視するにはもったいない。

　3人の人間がレストランで夕食をとった。食後、ウェイターが持ってきた勘定書を見ると、30ドルだった。ということは、1人あたり10ドルだ。

　ウェイターが受け取った代金を女性マネージャーに渡したところ、計算が間違っていたことがわかった。実際にかかった食事代は25ドルなので、5ドル多く受け取っていることになる。

　女性マネージャーは、1ドル札を5枚ウェイターに渡して、客に返すよういった。ところが、ウェイターは正直者ではなかった。1ドル札5枚のうち3枚を持って客のところへ行き、各々に1ドルずつ返した。そして、残り2枚は自分の懐にしまった。

　しかし、何か変だ。3人の客は、最終的に9ドルずつ払ったので合計27ドル。一方、ウェイターがポケットに入れたのが2ドル。27ドル＋2ドルは合計29ドルだ。もともと30ドル受け取っていたから計算が合わない。1ドルはどこに消えた？

古典的難問

　消えた1ドル札の話は、昔からある難問だ。長年の謎として何度も話題に上り、そのたびに次の世代の人たちを混乱に陥れている。

　謎の魅力は、準パラドックス的な性質にある。とても単純なストーリーで、いくつ

ほかのなぞなぞ

もうひとつ、消えた1ドル札型のなぞなぞがある。ぜひ、解いてみてほしい。

ある男が、地元の市場でりんごを売っている。大3つで1ドル。小5つで1ドルだ。お昼時になったので、娘に店番を代わってもらった。店を離れる前に、りんごがいくつ残っているか数えた。大は30、小は30あった。

男が戻ってくると、娘は残りのりんごを全部売ったといい、代金15ドルを渡した。「金額が違うぞ」男は娘を叱った。「大きいのは3つで1ドルだから、売上は全部で10ドルになるし、小さいのは5つで1ドルだから、売上は全部で6ドルになる。ということは、合計16ドルになるはずじゃないか」

娘も黙ってはいない。「でも、私がもらったのはそれで全部よ。計算だって気をつけてやったわ。女の人が、りんごを全部買いたいって人を連れてきたの。だから、どれが大きいりんごでどれが小さいりんごかというより、平均すると4つで1ドルだから、その合計金額を請求したの。60個は4つが15セットでしょ。だから、全部で15ドルよ」。

消えた1ドル札に何が起きたのだろう。

か算数の要素が組み合わさっていて、いつの間にかおかしな結論になっている。種明かしされても、たいていの人は釈然としない。消えた1ドル札のことが頭から離れないのだ。

消えた1ドル札はここに ●

消えた1ドル札の謎は、詐欺みたいなものだ。ずるいというより美しい詐欺だ。とはいえ、詐欺は詐欺だが。

この話では、客が食事代に27ドル支払い、ウェイターがポケットに入れた2ドルを足したら、驚いたことに合計が29ドルになった、という。しかし、2つの金額を足す論理的な理由はない。ウェイターのポケットに入った2ドルは、客が支払った27ドルの一部だ。

こう考えるとよい。3人の客はまず27ドル支払った。正しい代金の25ドルは、レストランの金庫に入った。だから、27−25の2ドルをウェイターがポケットに入

●解答

少女は、りんごの平均価格は4個で1ドルと考えて16ドルで請求した、と主張している。それだと1個あたり25セントになる。

実際、りんご1個あたりの平均価格を割り出すと、27セント弱だ。りんごを全部売ったら売上は16ドルという父親の計算は合っている。これを60で割ると、1個あたり26.6セント。平均的な4個のりんごは、大2つに小2つだ。大は1個あたり33.3セント（1÷3）。小は1個あたり20セント（1÷5）。だから、4つで1ドルでなく、4つで1.066ドルもらうべきだったのだ！

れたことになる。問題なし、だ。

あるいは、こんな解き方もある。3人の客は30ドルをウェイターに渡した。うち、25ドルが金庫に入って、ウェイターが2ドル着服、3ドルが客に戻ったから、25ドル＋2ドル＋3ドル＝30ドル。やっぱり問題ない。消えた1ドル札など、もともとなかったのだ。

背理法

数学では時に、誤った理屈から明らかなパラドックスが生じる（68〜69ページ参照）。間違いさえ見つかれば、パラドックスは消えてなくなる。けれど、何も間違いが見つからなければどうなる？ 意外に思うだろうが、それは本当に素晴らしいことかもしれない。

素数はいくつある？

素数とは1とそれ自身しか約数を持たない自然数のことだ。だから、1と7しか約数を持たない7は素数だ。1と3と9を約数に持つ9は素数ではない。最初の10個の素数を挙げると、2、3、5、7、11、13、17、19、23、29になる。

素数でない数は、素因数に分解できる（例えば30=2×3×5）。素数はもちろん、このように分解できない。

素数は一体いくつあるのだろうか？ 素数の列は永遠に続くのだろうか？ あるいは、最後の素数というものがあるのか？ 見たところ、この質問には答えが出ないように思われる。結局のところ、私たちは、たとえ素数であっても、すべての自然数を調べることなどできない。それは無限に続くものだから。

ユークリッドの研究

ところが、約2300年前にギリシャの数学者であるユークリッドがこの問題に取り組み、最終的な答えにたどり着いた。彼の証明は次の通りだ。

素数を有限なものと仮定し、最大の素数をpとする。すると、完全な素数の列は以下のようになる。

$$2, 3, 5, 7, 11, 13\cdots p$$

次に、このすべての素数をかけ合わせて、nという数を作る。

$$2\times 3\times 5\times 7\times 11\times 13\times\cdots\times p=n$$

ここまではよさそうだ。すべての素数が、nの因数になっていることが、はっきり記されている。

そこで、次に$n+1$という数について考えよう。$n+1$を素数で割っていくと、1余る。そうなると、$n+1$は素因数に分解できないことになる。

X
↓

ところが、素因数に分解できない数というのは、定義によると素数だったはずだ。だから、$n+1$は素数、もしくは私たちが知らない、pより大きな素数を因数に持つ、ということになる。いずれにせよ、pが最大の素数ではなくなる。

しかし、これはおかしい。パラドックスだ。私たちは最大の素数をpと定めたはずなのに、いつの間にか、pが最大の素数ではないことを証明しようとしている！

背理法

ユークリッドの証明に生じる矛盾に気づいたとき、証明の間違いを見つけてやろうと思ったかもしれない。もし、間違いが見つかったら、パラドックスに見えたものが単純ミスに成り下がってしまう。それはまさしく、モルガンの「$x=1$なら$x=0$」というウソの証明で起きたことと同じだ。

でも、この証明に間違いはない。ユークリッドの証明は完璧だ。

「最大の素数」があるという仮定が、「より大きい素数があるに違いない」という結論にいたってしまった。初めに設定した仮定が論理的に矛盾を生じさせるなら、仮定そのものが間違っていることになる。つまり、最大の素数がある、と仮定したのが間違いというわけだ。これを知れば、私たちは、最大の素数などない、と自信を持っていえる。素数は無限に続くのだ。

このように、ある命題について、その逆が矛盾になるのを示して命題の正しさを証明する議論のやり方は、背理法として知られる。

この巧妙で間接的な証明法は、数学者や哲学者の間で好まれてきた。実際に、英国の数学者G・H・ハーディは、背理法のことを「数学者にとって最高の武器のひとつ」といっている。

$$X \to 0$$

第4章　数学的パラドックス

無限のパラドックス

このパラドックスは、中世の哲学者・論理学者ザクセンのアルベルト（1316～1390年）に由来する。

立方体のパラドックス ————●

長さが無限で、断面が四角い板を想像してみよう。そこから立方体を切り出すとすると、立方体はいくつできるだろうか。当然、無限数だろう。

次に、できた立方体のひとつを芯にして、それをほかの立方体で囲み、もっと大きな立方体（ルービック・キューブのようなもの）を作るとしよう。このとき、全部で3×3×3＝27個の小さい立方体が必要になる。続けて、できた3×3×3の立方体をもとに、5×5×5の立方体を作るとする。今度は98個（5の3乗−3の3乗）の立方体が追加で必要だ。

この作業は永遠に続けていくことができる。5×5×5の立方体を7×7×7にするには、追加で218個の小さい立方体が必要。7×7×7の立方体を9×9×9にするには追加で386個必要、といった具合である。

必要となる小さい立方体の数は、驚きの早さで増えていく。でも、そのことは問題にならない。無限に供給できるのだから。実際、板の長さは無限だから、無限数の立方体を作り出せるわけだ！

これがどれほどすごいことかわかりやすいように、下の絵では板がとても細長く描かれている。断面は1ミリ四方で、長さは永遠に伸びている。この細長い板で、無限の三次元空間を埋める立方体が作れるのだ。

もっと奇妙なこと

9世紀のアラブの数学者サービト・イブン・クッラは、「無限は半分に分けられる。分けた半分は、それぞれ無限のままである」と指摘した。例えば、無限である自然数の列（1, 2, 3, 4, 5, 6…）を、奇数の列（1, 3, 5, 7…）と偶数の列（2, 4, 6, 8…）に分ける。これらはどちらも無限に続く。だから、無限マイナス無限も、どうやら……無限らしい。

1638年、イタリアの科学者ガリレオ・ガリレイが、無限にまつわるもうひとつの厄介な問題を示した。一本の線には無限の点が含まれる。しかし、線によって当然長さの違いがある。したがって、無限より大きな数があることになる。なぜなら、長い線に含まれる無限の点は、短い線に含まれる無限の点より多いからだ。

無限がとても奇妙な生き物だというさらなる証明を（必要とあらば）引き続きお目にかけよう。

◆ だまれ！

子どもの頃、兄のスティーブンと私はよくけんかをした。時には、暴力に訴えず話し合いで解決しようとして、理性的に言い合うこともあった。

スティーブン：だまれ！

ゲイリー：お前こそだまれ！

スティーブン：2倍だまれ！

ゲイリー：3倍だまれ！

スティーブン：1000だまれ！

ゲイリー：100万だまれ！

スティーブン：100万と1だまれ！

ゲイリー：無限だまれ！

スティーブン：無限と1だまれ！

ゲイリー（勝ち誇って）：無限より大きい数はありません！

私はいつも最後のセリフが正しいと思っていた。あなたもそう思うだろうか？　考えが変わるかどうか知りたいなら、この章を最後まで読み進めるといい。

第4章　数学的パラドックス

ガリレオのパラドックス

無限についてのびっくり仰天のパラドックスは、イタリアの科学者ガリレオ・ガリレイによって発見された。1638年、彼の著作『新科学対話』の中で発表された。

自然数と平方数 ─────●

自然数（あるいは正の整数）の列を思い浮かべてみよう。1, 2, 3, 4, 5, 6, 7…

少し考えただけで、それが無限だとわかる。どこまで数えてもきりがない。

次に、平方数の列を思い浮かべてみよう。平方数は、同じ数同士をかけ合わせて求める。例えば、1×1=1で1は平方数だ。2×2=4だから4も平方数だ。同じ具合にやっていくと、平方数の列はこうなる。1, 4, 9, 16, 25, 36, 49…

これも少し考えただけで、無限だとわかる。どこまで計算してもきりがない。そうなると、自然数の列と平方数の列とではどちらが大きいだろうか。読み進める前に、まず自分で考えてみよう。

自然数 vs 平方数 ─────●

平方数の列に平方数しかないのに対して、自然数の列は、平方数も平方数でない数も含む。つまり、すべての平方数は、自然数の列に含まれるということだ。数学用語で、平方数は自然数の部分集合（より専門的にいえば真部分集合）を作るという。ここからも明らかなように、平方数より自然数のほうが多いのだ。

2つの列を記す際、一方を他方の下に置くとわかりやすい。

自然数
1 2 3 4 5 6 7 8 9 10 11 12 13 14 15 16…

平方数
1　　4　　　　9　　　　　　　　　　16…

自然数が平方数の数を上回ることは、はっきりしている。実際、平方数の列は、自然数の列が進むにつれだんだんまばらになっていく。

ところが、2つの列を比較するには別の方法があって、その方法だとまったく違う結果になる。まずは、平方数の数はどのくらいあるのか、落ち着いて考えてみよう。すると、自然数のひとつひとつに対応する平方数があることに気づくはずである。平方数というのは、ひとつひとつの自然数にそれと同じ数をかけ合わせてできるのだから。結局、自然数と平方数の数は同じなのだ。

再び2つの列を記す際、一方を他方の下に置く。

自然数
1 2 3 4 5 6 7 8 9 10 11…
平方数
1 4 9 16 25 36 49 64 81 100 121…

明らかに2つの列は同じ大きさだ。

無限はとても奇妙な生き物

これこそガリレオのパラドックスだ。注意深く理論的に考え、自然数の数が平方数を上回ることを明らかにした。しかし同じように理論的に考えて、自然数と平方数の数が等しいことも証明してしまった。

ガリレオはこの問題を考えぬき、無限には人知を超えた何かがあると結論づけた。具体的にいうと、2つのものを比べて「等しい」「多い」「少ない」と表すのは、有限のものには当てはまるが無限のものには当てはまらない、と主張したのである。

無限についての質問

1 偶数はいくつありますか？

2 奇数はいくつありますか？

3 自然数と偶数ではどちらが多いですか？

4 偶数と奇数ではどちらが多いですか？

● ヒント

無限量の偶数と無限量の奇数がある。ガリレオによると、質問3と質問4は無意味だ。「多い」「少ない」「等しい」といった概念は、無限には当てはまらないからだ。しかし、ガリレオは正しいのだろうか？ この章を最後まで読み進めて確かめてほしい。

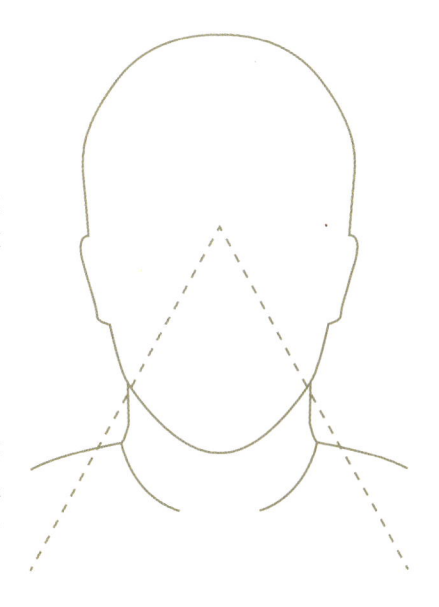

第4章 数学的パラドックス

有限と無限の集合

　ガリレオは、自然数と平方数を鋭く分析するうちに、前のページのようなパラドックスに行きついてしまった。自然数の列は、平方数も平方数でない数も含む。それなのに、自然数と平方数は同じだという。

　このパラドックスによって、ガリレオは、無限は人知を超えた存在であり、「多い」「少ない」「等しい」といった概念では無限の量を言い表せない、と確信した。

　そして、次のように結論づけた。無限という概念があるから、数学的パラドックスが生まれるのだ。思考に無限を取り入れてはならない。数学やほかのものに無限を取り入れると失敗するだけだ。

　これは約200年にわたり支配的な見解となった——ゲオルク・カントールが現れるまでは。彼はドイツの数学者で、無限を無視するのでなく、理解しようとした。

　カントールは、ガリレオが不可能だと考えたことに成功した。無限同士の大きさを比べる方法を発見したのだ。

集合とその大きさ

　数学者の議論にはよく「集合」が出てくる。私たちも56〜57ページですでに取り上げている。復習しておくと、集合とは、現実世界あるいは内面世界にある、事物の集まりである。集合の「濃度」というのは、その集合に含まれる要素の数のことだ。例えば、アルファベットの母音で集合を作ると、その濃度は{a,e,i,o,u}で5になる。

　2つの有限集合の濃度を比較する場合は、それぞれに含まれる要素の数を数えるといい。アルファベットでは母音は5個、子音は21個なので、子音の集合のほうが大きいといえる。

　もうひとつ、もっと便利な、2つの有限集合の大きさを比べる方法がある。学校の運動場にいる男子と女子の数を比べたいとしよう。いちばん早い方法は、男女、男女、男女、とペアを作ることだ。すると男女どちらかの生徒が余る。もし女子が余っていたら、女子の集合のほうが多いということだし、もし男子が余っていたら、男子の集合のほうが多いということだ。もし男女のペアが余ることなくできていたら、2つの集合は同じ大きさだといえる。

　つまり、2つの有限集合について、それぞれの要素の1対1対応を作ることができたら、2つの集合の大きさは等しいということだ。1対1対応させて、余りが出なかった場合に限るが……。

　有限集合の場合はこの通りだ。では、無限集合の場合はどうだろう。

無限集合のペアを作る

2つの無限集合の要素を並べるとき、わかりやすいやり方がある。奇数と偶数の集合を例に、やってみよう。

奇数：1 3 5 7 9 11 13 15 17…
偶数：2 4 6 8 10 12 14 16 18…

各要素が1対1対応になっているのが、はっきりわかる。この2つの集合は同じ濃度だとすぐにわかる。

しかし、自然数と平方数の集合ではどうだろう。ガリレオは、やり方が正しければ、きれいに対応させることができると証明した。

自然数：1 2 3 4 5 6 7…
平方数：1 4 9 16 25 36 49…

直感では、平方数より自然数のほうが多いはずだと思っているが、2つの集合を上のように並べてみると、同じ大きさだとわかる。

同様に、自然数の集合は偶数の集合と1対1対応にある。直感的には自然数は偶数の2倍あるに違いない、と思っているのだが。

自然数：1 2 3 4 5 6 7…
偶数 ：2 4 6 8 10 12 14…

自然数（奇数、偶数、平方数、立方数など）から作られたすべての無限集合は互いに1対1対応を作る、ということがわかった。このことは、すべての無限集合が同じ大きさであることを示しており、直感とはかけ離れた、まさにパラドックスな結果となった。

パラドックスを解消するために、もう一度自然数と平方数について考えてみよう。1対1対応は、2つの集合が同じ大きさであることを示している。しかし、平方数は自然数の一部である。このパラドックスを避けるには、どうしたらいいのだろう。

確実なのは、ガリレオ風に無限集合の存在を否認し、数学から抹殺することだ。カントールは、逆の方向から攻めた。パラドックスを避けて通るのでなく、正面から取り組んだ。

カントールは、無限集合について、その部分集合と1対1対応させることが可能だと定義した。つまり、無限集合には、全体と部分の大きさが等しくなるという、驚くべき性質があるのだ。

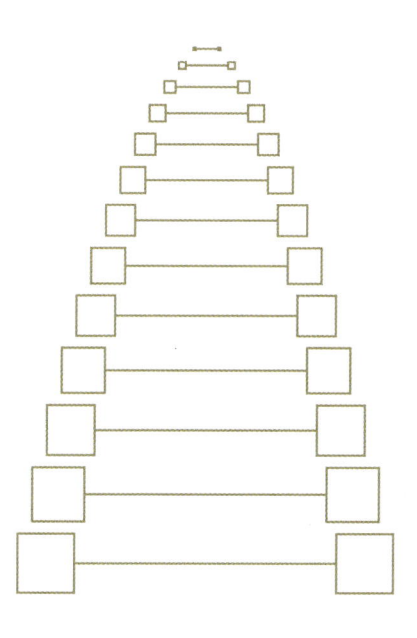

第4章　数学的パラドックス

Profile

ゲオルク・カントール

19世紀まで、ほとんどの数学者は、無限の問題を避け、パラドックスを回避してきた。しかしドイツの数学者ゲオルク・カントール（1845～1918年）は違った。

彼は、それに挑戦するだけの才能と大胆さを持っていた。無限をほかの数学的量と同じように、なんとか自分の手に負えるもの、理論を導き出せるもののように扱った。そして、無限の数学を打ち立てたのだ。

カントールの考えは物議を醸した、というくらいでは、控えめすぎるくらいだ。有限のみを是とする数学者の中には、カントールの成果を快く思わず、反論し嘲りの言葉を浴びせる者もいた。反対派の急先鋒はレオポルト・クロネッカーで、彼はカントールの元指導者であり、当時の数学界において非常に力のある人物であった。

クロネッカーは、無限集合の議論は狂気の沙汰だと断定した。「自然数は神がお創りになったが、ほかの数はすべて人間のつくったものだ」という言葉は、彼の思想をよく表している。

カントールのキャリアの初期には、クロネッカーは激励と支援を惜しまなかった。しかし、カントールが無限の研究に取り組み出すと、攻撃するようになった。クロネッカーは歯に衣着せず、カントールを「若者に悪影響を及ぼす存在」「ペテン師」だとののしった。

そのような対立のせいで、カントールは私生活でも仕事の面でも嫌がらせに苦しんだ。キャリアの最後まで、数学界では僻地のハレ大学から抜け出せなかった。認められようといつも必死だった。

カントールは自然に神経質になり、クロネッカーの陰謀や攻撃に対してひどく敏感になった。やがて精神を病み、1884年に神経衰弱になった。以来ずっと、精神病の発作に断続的に苦しめられた。時々、数学の研究をすっぱり止めて、歴史や神学に専念することもあった。

面白いことに、無限についての考察は、仲間の数学者よりカトリック教会の神学者に支持された。これは、司祭コンスタンティン・グートバーレットのおかげによるところが大きい。無限は人間の精神がより深く神性の中へ入る方法を提示しているため、神学者は無限を理解しやすかった。

無限が、存在する可能性のあるというのでなく、実際に存在するものとなると、つまり神がお創りになったものと考えられる。クロネッカーは、神は有限数のみを創

られたと主張した。ところが、神が有限数と同じように無限数もお創りになったのだとしたら、神の栄光はますます広まる。

カントールは、無限の研究に神学的な要素を取り入れることに、強い興味を抱いた。そして賛同者と議論することを好んだ。自分の論理は神やカトリック教会に仕えるための道具だとみなすようになっていた。

クロネッカーが1891年に亡くなって以降、カントールの考えに反対を唱える者は減って、数学者の間でも次第に広く受け入れられるようになった。晩年になってやっと正当な評価を得るようになったものの、数学的才能はすでに衰えており、精神の不安定に悩まされる日々が続いていた。彼は、1918年1月にその生涯を終えた。

今日、すべてではないとはいえほとんどの数学者が彼の論理を受け入れ、カントールは歴史上偉大な数学者のひとりとして称えられている。その業績は、集合論を創りだし、無限集合の数学的理解の基盤を提供したことだ。

1926年、もうひとりのドイツ人数学者、ダフィット・ヒルベルト（82〜83ページ）がこう書いている。「何人といえども、カントールが作ってくれた楽園から、われわれを追放することはできない」。

第4章　数学的パラドックス

ヒルベルトのホテル

ドイツの数学者ダフィット・ヒルベルト（1862～1943年）は、無限の持つパラドックス的性質をあるホテルの例を使って表した。ホテルといっても、私たちがこれまでに行ったことのあるホテルとは、ずいぶん趣が違っている。

客室が有限の普通のホテルでは、客室がいっぱいになったら、それは本当に「いっぱい」だ。滞在客のひとりがホテルを出ていくまで、それ以上客に提供できる部屋はない。しかし、無限数の部屋を持つホテルなら話は違ってくる。

「ヒルベルトのホテル」について考えてみよう。そこには無限数の部屋があり、1、2、3、4、5……と、部屋には番号がついている。客が到着する。「満室」と知ってがっかりする客に、マネージャーはこういう。「大丈夫です。お客さまのお部屋はご用意できます」。そして、客のひとりひとりに、それぞれ隣の部屋に移ってほしいと頼んで回る。1号室の客が2号室に移って、2号室の客が3号室に移って……という具合である。すると1号室が空くので、新しい客に提供できる。

◆ チャレンジ

あなたは「ヒルベルトのホテル」のマネージャーだ。どの部屋もふさがっているところに新しい客が到着した。どうやって部屋を提供する？

◉ 解答

1号室の客は11号室に、2号室の客は12号室に、という具合に、今いる客に部屋を移ってもらう。

大きな問題

新しい客に無事部屋を提供することができた。しかし、ホテルはまた満室になった。気の毒なことに、マネージャーはさらなる難問に直面していた。無限数の新しい客が到着したのだ。「大丈夫」。彼は少し考えて

いった。「やり方を少し変更すればいい」。
　そして、客のひとりひとりに、今いる部屋の2倍の部屋番号の部屋に移ってほしいと頼んで回る。1号室の客が2号室に移って、2号室の客が4号室に移って……という具合である。

元々の部屋：1 2 3 4 5 6 7…
新しい部屋：2 4 6 8 10 12 14…

　こうすると、新たに到着した無限数の客に奇数番号の部屋を提供できる。

さらに大きな問題

　無限数の客からなるツアーグループが無限数、満室になったヒルベルトのホテルに到着した。窮地に立たされたマネージャーはしばらく考えた。必死に頭をひねって、新しい客全員にまだ提供できる部屋があることに気づいた。
　彼は、今いる客に、いちばん小さい素数である2の、べき乗の番号（2のn乗の番号）がついた部屋に移ってもらった。だから、部屋番号は、2、4、8、16、32……となる。
　1つ目のツアーグループに、次の素数である3の、べき乗の番号がついた部屋に入ってもらった。部屋番号は、3、9、27、81、243……となる。
　続いて2つ目のツアーグループに、その次の素数である5の、べき乗の番号がついた部屋に入ってもらった。部屋番号は、5、25、125、625、3125……となる。
　その後も、順番通りに素数のべき乗の部屋番号をツアーグループに割り振っていった。そうして、1グループあたり無限数の客からなるツアーグループ無限数に、部屋を用意することができた。この部屋割りシステムだと、多くの部屋が空いたままになって非効率だが、新しい客のために部屋をとっておける！

さらなるチャレンジ

　あなたは、満室になったヒルベルトのホテルのマネージャーだ。今、ホテルに、無限数の客からなるツアーグループ2組が到着している。新しい客にどうすれば部屋を提供できるだろうか？

●解答
　今いる客に、今の番号の3倍の番号の部屋に移ってもらう。新しく到着したひとつのツアーグループには、1、4、7、10、13…という$3n-2$の番号がついた部屋に、もうひとつのグループには、2、5、8、11、14…という$3n-1$の番号がついた部屋に入ってもらう。

より大きな無限　その１

カントールによると、１対１対応する２つの無限数列の濃度は等しい。

チャレンジ１

それぞれが持つ要素を１対１対応させて、自然数の集合と偶数の集合は濃度が等しいことを証明しなさい。

● 解答
自然数：１ ２ ３ ４ ５ ６ ７ ８ …
偶数　：２ ４ ６ ８ 10 12 14 16 …

チャレンジ２

自然数と１より大きい整数についても同じことを証明しなさい。

● 解答
自然数：１ ２ ３ ４ ５ ６ ７ ８ …
整数　：２ ３ ４ ５ ６ ７ ８ ９ …

これでヒルベルトのホテルになぜいつももう一部屋あるのかが説明できる。（82〜83ページ参照）

分数を数える

完全な数が作る無限集合同士なら、すべて１対１対応させることが可能だ。そこから、これらの集合は濃度が等しいといえることもわかった。しかし、分数の場合はどうだろうか。

そこで、有理数の無限集合について考えてみよう（分数とは、ある数をほかの数で割った結果を表したもの。有理数とは、分数で表せる数のこと）。有理数と自然数の１対１対応をイメージするのは困難かもしれない。２つの完全な数の間に、いくらでも分数を作ることができるのだから。

しかし、カントールは１対１対応があることを論証してみせた。コツは、有理数のすっきりした一覧化の方法を見つけることにあった。これなら見落としがなくなる。彼のとったやり方はこうだ。

$$\frac{1}{1}$$
$$\frac{1}{1}, \frac{1}{2}$$
$$\frac{3}{1}, \frac{2}{2}, \frac{1}{3}$$
$$\frac{4}{1}, \frac{3}{2}, \frac{2}{3}, \frac{1}{4}$$
$$\frac{5}{1}, \frac{4}{2}, \frac{3}{3}, \frac{2}{4}, \frac{1}{5}$$
$$\frac{6}{1}, \frac{5}{2}, \frac{4}{3}, \frac{3}{4}, \frac{2}{5}, \frac{1}{6}$$
$$\frac{7}{1}, \frac{6}{2}, \ldots$$

一見単純だがエレガントなメソッドだ。1列目は分母と分子の数を足すと2になる分数で構成されている（1＋1）。2列目には分母＋分子が3となる分数（1＋2、2＋1）、3列目には分母＋分子が4（1＋3、2＋2、3＋1）といった具合に配置されている。

　これなら、自然数と1対1対応させられることを、わかりやすく示せる。分数の膨大さに臆することなく、横へ横へと書き連ねていける。

自然数： 1　 2　 3　 4　 5
分数　： $\frac{1}{1}$　$\frac{2}{1}$　$\frac{1}{2}$　$\frac{3}{1}$　$\frac{2}{2}$

　同じ数がいくつもある（例えば、$\frac{1}{1}$と$\frac{2}{2}$は約分するとどちらも1だ）ことも、論証の妨げにはならない。気になるなら、同じ数とわかるものを飛ばして作業を進めればいいだけの話だ。

　初めに描いたイメージから、自然数全体より分数の数がずっと多くなるはずだと期待する人もいるだろう。でも、実際には、濃度の大きさは等しくなる。

可算無限

　自然数と最後まできちんと対応を作れる数の無限集合は、数えられる（countable）といわれる。これまでに扱った無限集合はすべて（有理数の集合を含む）数えられるとされてきた。

　無限集合は本当にすべて数えられるのだろうか？　今まで見てきたよりもっと大きな無限集合があるのだろうか。ページをめくって確かめてみよう。

チャレンジ3

　互いに1対1対応する数の中に、奇数と偶数の組み合わせがあることはすでに見てきた（78〜79ページ参照）。同じことは、自然数と平方数の組み合わせにもいえる。今ここに、より注意を要する問題を用意した。自然数が正の数や負の数、0などを持つ整数の集合と、1対1対応を作ることを証明してみてほしい。

●解答
　集合は0から始めること。そして、正負の数は次のように並べていくこと。
自然数：1, 2, 3, 4, 5, 6, 7, 8…
　　　：0, 1, −1, 2, −2, 3, −3, 4…
これを自力でやってのけたなら、なかなかの才能の持ち主だ。

第4章　数学的パラドックス

より大きな無限　その2

　カントールは、有理数の無限集合を数えるのに成功すると、今度は小数に着目した。有理数だけでなく無理数（分数で表せない数）も含む、小数の集合がある。多くの小数が終わらずにずっと続く。

　研究に研究を重ね、膨大な時間を費やした結果、カントールは「小数は数えられる」という素晴らしい証明を考え出した。背理法を使っている（72〜73ページ）。詳細は以下の通り。

　小数は数えられる、つまり自然数の集合ときちんと1対1対応を作ることができる。これを仮定として証明は始まる。例えば…

1　0.54354349…
2　0.84920018…
3　0.68872574…
……など無限に続く

　小数の初めの8桁を見ただけでおわかりだろう。数字の並び方に規則性がない。重要なのは、この小数が自然数と1対1対応しており、対応しないものはひとつもないということだ。もちろん列にはすべての数を含む。

　ところが、驚いたことに、列にはない小数を新たに作ることが可能だ。どういうことか、以下を見てほしい。

　列の1番目の小数の、1桁目にある数字と違う数字を、新しい小数の1桁目に選ぶ（例えば、1番目の1桁目が5なら6を選ぶ）。新しい小数の2桁目の数字は、列の2番目の小数の2桁目と違う数字を選ぶ（2番目の2桁目が4なら5を選ぶ）。同じ作業をずっと続けていく。こうすると、今列にあるどの小数とも、少なくとも1桁は異なる、無限小数ができあがる。

　こうして矛盾が浮上する。そもそも1対1対応が成立するという仮定は、列にすべての小数が含まれるということだ。それなのに、新しい小数ができてしまった！　すると、初めの仮定が間違っていたことになる。小数は自然数と1対1対応していない。小数の数は数えられない、のだ。

より大きい無限　　　　　　　　　　●

　これはすごいことだ。パラドックス的でもある。私たちの直感では、無限より大きいものはない。ところが、カントールは、無限の小数が無限の自然数より多いと証明してしまった。これは、無限についての高次の秩序、自然数のような可算無限より大きい無限があることを表している。

さらに大きい無限　　　　　　　　　●

　しかし、これだけでは終わらない。カントールは、小数と1対1対応させることができない、もっと大きな無限があると証明した。その後も、無限集合と1対1対応させることができない、もっと大きな無限の存在を、無限に証明し続けた。

　これがどういうことか、わかりやすくするために、例えばモニカ・レイチャル・フ

ィービーという3つの要素を含む有限集合について考えてみよう。この集合には部分集合がいくつあるだろうか。

8つの部分集合がある、と気づくのは難しいことではない。まず、空っぽな集合{Φ}があって、次に元の集合 {モニカ・レイチャル・フィービー} がある。それから、全部違うペアの集合{モニカ・レイチャル}{モニカ・フィービー} {レイチャル・フィービー}、ひとりずつの集合 {モニカ} {レイチャル} {フィービー}。3つの要素の集合から、8パターンの「べき集合（ある集合のすべての部分集合の集合）」を作ることができる。

有限、無限に関係なくどの集合でも同じで、元の集合より大きなべき集合を作ることができる。これを使って、カントールは、永遠に続く無限のヒエラルキーを構築したのだ。底辺には自然数のような可算無限があり、一段上がると小数の無限、という具合に上へ上へと永遠に続いていく。

カントールのパラドックス ──●

与えられたどの集合からも、元の集合より大きなべき集合を作ることができる。しかし、全体集合（すべての集合の集合）について考えたとき、パラドックスが生じることに気づく。

全体集合は、すべての集合の中でいちばん大きな集合だ。しかし、べき集合のほうがそれより大きいというのである。両方全体集合なのか、両方すべての集合の中でいちばん大きな集合ではないのか。そうなると、全体集合ではなくなってしまう。

第4章　数学的パラドックス

14 リシャールのパラドックス

問題

カントールの対角線論法は、たくさんの有名なパラドックスに関係がある。数えきれないほど多くの実数があることの証明で見たことがあるだろう（86ページで小数がより大きな無限であることの証明にも使われている）。「リシャールのパラドックス」として知られる実数のパラドックスを、対角線論法を使って証明できるだろうか？ リシャールのパラドックスとは「有限の言葉で定義される実数の集合は、可算のものと非可算のものの両方である」。

解き方

まず初めに、実数をすべて有限の長さに定義し、一覧表あるいは無限にリスト化したものを用意することで、集合が数えられるようにしておく。それから対角線論法を使ってリストに載っていない、有限の長さに定義した実数を作っていく。

まずいくつかの定義から始めよう。まず、実数の集合とは、すべての有理数とすべての無理数の集合である。（有理数とは分数で表すことのできる数のこと。無理数とはそうすることのできない有限の数のこと。例えば、$\pi = 3.1415926\cdots$。これは分数ではないし、2つの完全な数の割合でもない）

この有名な対角線論法を使って、カントールは、実数の集合が分数の集合と違い、数えられないことを証明した。これは実数が自然数の集合 $\{1,2,3\cdots\}$ と1対1対応をしないことを表している。つまり、実数の集合は、可算無限の集合（自然数の集合）より大きいことになる。

この問題を解くには、「有限の言葉で定義される」という概念を定義する必要がある。この英語が意図することは想定できる。アルファベットで綴られているから。英語でどんな言葉を定義しようと、有限の数におさめることができる。同じ字数の定義ができたら、アルファベット順に配置する。例えば、実数を1語で定義したものはすべて、一段にアルファベット順に並べられる。実数を2語で定義したものはすべて、その右の段にアルファベット順に並べられる。実数を3語で定義したものはその隣の段……という具合だ。

有限な英語の単語を使って実数を定義したものの集合である集合FRが、無限ではあるが数えられることは、ここから簡単に示せる。分数の集合の可算性を示すときに使ったのと同じやり方で、表を使えばいいのだ。解き方は解決策の（1）を見るとよい。

難しいのは、逆を証明することだ。実数をすべて有限の長さに定義してリスト化したものを用意し、集合が数えられるようにしておいたことで、リストにない定義を作るのに対角線論法を使うことができる。

有限の長さの定義を並べて、実数の定義のリストを作ったとする。

$$D_1, D_2, D_3, \cdots, D_n, \cdots$$

この定義の言葉のそれぞれが、有限であり、実数を定義している。

$$r_1, r_2, r_3, \cdots, r_n, \cdots$$

これらの実数のひとつひとつが、無限の小数の代わりに表されている（おそらく小数第何位より後は0が続いている）。今、リスト内の実数R_kが、小数第k位で整数n（0から9までの整数）を持つとしよう。カントールの対角線論法を使い、有限な言葉で、（無限な小数位を持つ）実数RR（リシャールの実数の意味）を、上の実数のどれとも同じにならないように定義する。
ヒント：RRの小数第k位を定める。RR≠r_k（kがどんな数であっても）

解決策

（1）FRは、数えられる無限である

FRが数えられる集合であることを示すためには、有限の長さの定義を一覧化すれば十分である。文中で述べたアルファベットの段の多くが無限になるため、定義の一覧化を始めると、$D_1, D_2, D_3, \cdots D_n \cdots$と、このようにジグザグな形になる。

1	2	6	7	…
3	5	8	14	
4	9	13		
10	12			
11				

（2）FRは、数えられない無限集合である

（無限小数の代わりである）RRを定義するには、以下の通りにすればいい。
RRの小数第k位を$n+1$とする。nはr_kの小数第k位の数である。kはどんな数であってもかまわない。nは9以外の数であり、RRの小数第k位は0ではない。

すると、r_kと小数第k位が違うため、kがどんな数であってもRR≠r_k

しかし、上記の定義は英語か、有限な長さの英語に置き換えられたものなので、jがどんな数であってもDjに違いない。ここから、次のような矛盾が生じる。

$$rj = RR \neq rj$$

このパラドックスは、発見者のジュール・リシャールにちなんで名づけられた。

第4章 数学的パラドックス

第5章

確率のパラドックス

　多分あなたにも統計に基づいた推測をして、間違った経験があるだろう。本章では、確率を考える際によく起こる誤りに目を向け、昔から本命視されている確率のパラドックスをいくつか取り上げる。まずサイコロを振って、閉ざされたドアの向こうに何があるか考え、壮大な賭けをしていこう。確率をパラドックス的に考えたり、確率のパラドックスを、パラドックス的だがなるほどありえることだと、とらえたりしながら……。

ギャンブラーの誤謬

本章で取り上げるパラドックスの多くは、確率に関係するものである。まず初めに、数学を絡めて簡単に紹介しよう。

確率とは、さまざまな事象について起こり得る可能性を数値で表したものであり、0から1までの数値をとる。例えば、明日太陽が昇る、といった確実に起こる事象の確率は1である。また、普通のサイコロを投げて7が出る、といった確実に起こらない事象の確率は0である。さらに、偏りのないコインを投げて表が出る、といった五分五分で起こる事象の確率は0.5である。また、確率は0〜1の代わりに分数やパーセンテージで表現されることもある。

もちろん、明日太陽が昇ることを全面的に確信することはできない（21ページ参照）。しかし本章ではこういった懐疑的な姿勢は棚上げにする。

事象の確率を計算するには、あることが起こる場合の数を起こり得るすべての数で割る（すべての結果は同程度に起こるとする）。

例えば、偏りのないサイコロを1回投げたときに4が出る確率はどれくらいだろうか。まず、サイコロには6つの目があり、どの目の出方も同程度で、4はそのうちのひとつである。ゆえに、確率は$\frac{1}{6}$、小数で表すと0.16…となる。

では、サイコロを1回投げたときに偶数の目が出る確率はどうだろうか。サイコロの6つの目のうち、偶数の目は2、4、6の3つである。ゆえに、確率は$\frac{3}{6}$、約分すると$\frac{1}{2}$、小数だと0.5、パーセンテージだと50％となる。

雷が二度落ちる

ある年に雷に打たれる可能性は、およそ65万回に1回である。では、エーレクトラーが2009年に雷に打たれた場合、2010年に雷に打たれる可能性はどれくらいだろうか。

● 解答

落雷はそれぞれ独立した事象である。ゆえに、可能性は変わらず65万回に1回である。ある年に雷に打たれたことは、翌年に雷に打たれる可能性には影響を与えない。もちろん最初の落雷で死んだ場合を除いてだが。

ギャンブラーの誤謬

ランダムな事象が起こる確率は何度もおこなうと同程度になる、と一般的にはそう考えられている。例えば、ルーレットで立て続けに10回赤が出た場合、賭けをしている客たちは「もうすぐ黒が出るはず」と黒に賭け出すだろう。同様に、偏りのないコインを繰り返し投げていて、7回続いて裏が出ると、たいていの人が「次は表が出るだろう」と考える。

このような誤った確信はギャンブラーの誤謬として知られる。実際のところは、偏りのないコインを投げて表が出る確率は、以前に裏表どちらが出たかにかかわらず五分五分（0.5）である。なぜなら、コインを投げて裏表を判断することは、1回ごとに独立した事象だからだ。ある回に何が出たかは別の回に何が出るかに関係がない。

エースを引く

トランプはジョーカーを除くと通常52枚で一組である。52枚のうち4枚がエースだ。ゆえにエースを引く確率は$\frac{4}{52}$、約分して$\frac{1}{13}$となる。ドク・ホリデイが細工のないトランプをシャッフルし、無作為に1枚引く。引いたのはスペードのエースだ。彼は引いたスペードのエースをテーブルに置き、残りをシャッフルしてもう1枚ひく。これもエースである可能性はどれくらいだろうか。

● 解答

ドク・ホリデイが再度シャッフルする前に、引いたスペードのエースを戻した場合、確率は変わらず$\frac{1}{13}$である。単に最初にエースを引いただけでは、2回目にエースを引く可能性には影響を与えない。しかし、この場合は違う。ドク・ホリデイは再度シャッフルする前に、引いたスペードのエースを戻さなかった。51枚のカードの中に残ったエースは3枚だけということになる。ゆえに、エースを引く可能性は$\frac{3}{51}$、約分して$\frac{1}{17}$である。この場合、1回目と2回目は独立した事象ではない。

第5章　確率のパラドックス　93

男の子と女の子

確率を推定したり計算したりする際に、どれほど間違った方向に考えてしまうかがわかる面白いパズルがある。

スミス一家

スミス夫妻には2人の子どもがおり、そのうちの少なくとも1人は女の子である。もう1人の子どもも女の子である可能性はどれくらいだろうか。答えを出す前に、慎重に考えよう。

本書はパラドックスについての本であり、そして慎重に考えるように忠告もされているので、おそらく何らかのトリックがあるのではと疑っているかもしれないが、そんなことはない。まったく素直な問題だ。謎になっている子どもは例外なく男の子か女の子のどちらかであり(両性具有者ではないとする)、男の子であるか女の子であるかは同じぐらいだと仮定できる。何のトリックもない。さて、もう1人の子どもが女の子である可能性はどれくらいだろうか。

可能性が五分五分であることは、ほぼ誰の目にも明らかである。結局のところ、どの子どもも女の子である確率は五分五分だ。では、きょうだいの性別はどのように影響するのだろうか。

残念ながら、「明らか」な答え、つまり五分五分というのは間違いである。正解は、$\frac{1}{3}$である。それはなぜか。

子ども2人の性別に関していえば、以下の4通りの組み合わせがありえると考えなければならない。2人とも男の子、2人とも女の子、上が男の子で下が女の子、上が女の子で下が男の子。わかりやすくすると、「男男」「女女」「男女」「女男」、となる。

スミス家の子どもたちのうち、少なくとも1人が女の子だということはわかっている。ゆえに「男男」は除外される。残りの3通り「女女」「男女」「女男」である可能性は同じである。3通りのうち、ただひとつ「女女」だけがスミス家の子どもたちが両方とも女の子であるという条件に当ては

表と裏

ギャンブラーが細工のないコインを3枚投げる。少なくとも2枚が表だった。3枚目も表である可能性はどれくらいだろうか。

◉解答

組み合わせは「表表表」「表表裏」「表裏表」「表裏裏」「裏表表」「裏表裏」「裏裏表」「裏裏裏」の全部で8通り。このうち表が2枚以上なのは「表表表」「表表裏」「表裏表」「裏表表」だ。その中でひとつだけ「表表表」が3枚目が表となる。ゆえに、答えは4つに1つ、$\frac{1}{4}$である。

まる。ゆえに、もう1人の子どもが女の子である可能性は3つに1つ、$\frac{1}{3}$である。

これは直観に矛盾するという点において最もゆるい意味でのパラドックスである。単純な状況においてさえ、確率を推測したり計算したりすると、直観がいかに当てにならないかがわかる良い例である。

ジョーンズ一家

ジョーンズ夫妻には子どもが2人おり、上の子は女の子である。下の子が女の子である可能性はどれくらいだろうか。答えを出す前に、慎重に考えよう。

仕掛けた罠に陥っていないといいのだが。この場合の答えは、実のところ五分五分である。それはなぜか。

先のスミス一家の問題で使用した組み合わせ「男男」「女女」「男女」「女男」で考えてみよう。今回は、上の子が女の子であることがわかっているので、「男男」「男女」を除外できる。

残る組み合わせは「女女」「女男」である。下の子が女の子となる組み合わせは1通りだけだ。ゆえに、可能性は2つに1つ、$\frac{1}{2}$となる。

追加情報があったことが、その前のクイズとの決定的な違いだ。ただ単に子どもたちのうち1人が女の子であると伝えられるのではなく、上の子が女の子であることが今回は知らされていた。

第5章 確率のパラドックス

同じ誕生日

無作為に選んだ2人が同じ誕生日である可能性はどれくらいだろうか。

これはひねりのない問題で、解答もひねらなくてよいクイズだ。1人の誕生日を3月15日と仮定しよう。1年は365日であり、3月15日はそのうちの1日である。ゆえに、2人目が同じ誕生日である可能性は$\frac{1}{365}$（およそ0.003）となる。（単純化のために、ここではうるう年を考慮しない）

誕生日問題

もっと面白いクイズがある。よく誕生日問題と呼ばれるものだ。グループ内の2人の誕生日が同じである可能性が五分五分かそれ以上となるには、どれくらいの人を集めればよいだろうか。続きを読む前に、ちょっと考えてみよう。

365日分の誕生日を網羅するのに、多くの人はきわめて多くの人数が必要だと推測するだろう。自分の友達や家族にこの問題を出したとき、得られた答えは180人から366人までの幅があった。

実際には、計算すると正しい答えは23人となる。結果が驚くほどに少なすぎて、断固として信じない人もいるだろう。すぐにこの計算を分析しよう。しかし、まず初めに数学的な予備知識を紹介する。

結合確率

偏りのないコインを投げたとき、起こり得る結果は表と裏の2通りだけである。ゆえにコインの表が出る確率は2つに1つ、$\frac{1}{2}$である。しかし、同じコインを2回投げる場合や、違うコインを2枚投げる場合はどうだろうか。2回とも表が出る可能性はどれくらいだろうか。

コインを2回投げることは、それぞれ独立した事象である。言い換えれば、1回目の結果は2回目の結果に影響を及ぼすことはない。このような事例では、単純に個々の確率同士を掛け算して確率を求める。

ゆえに、コインの表が2回連続で出る確率は、$\frac{1}{2} \times \frac{1}{2} = \frac{1}{4}$となる。同様に、3回連続で表が出る確率は、$\frac{1}{2} \times \frac{1}{2} \times \frac{1}{2} = \frac{1}{8}$となる、といった具合だ。

もうひとつの例を考えてみよう。偏りのないサイコロを振り、偏りのないコインを投げると仮定する。サイコロのほうは6が出て、コインのほうは表が出る可能性はどれくらいだろうか。答えを得るには、サイコロの6が出る確率と、コインの表が出る確率を、単純に掛ければよい。すなわち、$\frac{1}{6} \times \frac{1}{2} = \frac{1}{12}$である。

誕生日問題 計算

さて数学的な予備知識を十分に得たところで、誕生日問題に取り組んでみる。「グループ」に1人しかいない場合、2人の誕生日が同じになる確率はいうまでもなく0である。一方、366人いる場合、確実に同じ誕生日の人がいる。ゆえにこの場合の確率は1である。

知りたいのは、グループ内の2人の誕生日が同じになる可能性が、五分五分かそれ

以上となる最小の人数だ。最も簡単な計算方法は、まず、グループのメンバーの誕生日が同じにならない可能性はどれぐらいか、という質問を頭の中で考えることである。

グループには2人だけいると考えてみよう。最初の人の誕生日は1年のうち何日でもよく、2人目の誕生日は残りの364日のうちのどれかでなければならない。ゆえに、2人の誕生日が同じにならない確率は、$\frac{364}{365}$である。

3人目がグループに入った場合、空いているのは363日だ。ゆえに、初めの2人と同じ誕生日にならない確率は$\frac{363}{365}$である。4人目が同じ誕生日にならない可能性は、$\frac{362}{365}$。5人目は$\frac{361}{365}$という具合だ。

つまり、5人が同じ誕生日とならない結合確率は、$\left(\frac{364}{365}\right) \times \left(\frac{363}{365}\right) \times \left(\frac{362}{365}\right) \times \left(\frac{361}{365}\right)$となり、計算すると約0.973となる。

同じ計算を23人までおこなうと、同じ誕生日の人がいない確率は約0.492となる。ゆえに、同じ誕生日の人がいる確率は、1−0.492＝0.508となる。

このようにして、同じ誕生日の人がいる可能性が五分五分を上回る最小の人数は、23人であると求められた。

誕生日のパラドックス ────●

この問題は、誕生日のパラドックスと呼ばれることがある。もちろん最もゆるい意味、常識的な直観に矛盾するという点においてのパラドックスだ。直観で確率を推測するのがいかに当てにならないかがこれでよくわかるだろう。

モンティ・ホール問題　その1

　この問題ほど、困惑、不信、頭痛、おなじみのイライラを引き起こすクイズはちょっと見当たらない。私が初めてこの問題に出くわしたのは、マーク・ハッドンの2003年のベストセラー『夜中に犬に起こった奇妙な事件』であった。

　私はこの問題のことが気になって何日もひっかかっていた。著者が正解を提示し、完璧な計算であるとわかっているにもかかわらず、やはり道理に合わないように思えたからだ。

　あるとき、湯船に浸かっていて、ピンときた。アルキメデスがアルキメデスの原理を発見したときのように、裸で町を走り抜けたい衝動にかられたが、すんでのところでそれは押しとどめた。もしこのパズルを見たことがなく、イライラも裸で走る衝動も避けたいなら、102ページまで飛んでほしい。

車と山羊

　テレビのクイズ番組に出場し、勝ち抜いたと仮定しよう。番組は最後のクライマックスを迎え、「さあ、3つのドアから1つを選んでください！」と司会者に促される。「どれかひとつのドアを開けると、ピカピカの新車が。ほかの2つのドアには山羊が隠れています」。

　あなたはまずひとつを選ぶ。この段階で、ゲームのルールにのっとって、司会者が選んでいないドアのうちひとつを開け、山羊を見せる。「どうしますか？　まだ開けていないもうひとつのドアに変えてもいいですよ」。

問題は、最初に選んだドアのままいくべきか、もしくは残りのドアに選択を変えるべきか。結果に差はないのだろうか。

ちょっと考えてみよう。選んだドアを変えることに利点はあるだろうか。続きを読む前に、慎重に考えてみよう。ゆっくりどうぞ。この悪魔のようなパズルのワナにはまった犠牲者は数知れない。

明白な解決策

このパズルの解決策は火を見るよりも明らかに思える。開けられていないドアが2つある。ひとつには車が隠されており、もうひとつには山羊が隠されている。単純な話だ。選択を変えるかどうかは少しも関係ない。どちらにしても、車が当たる可能性は五分五分、そして山羊が当たる可能性も五分五分なのだ。

しかし、本書ではずっとパラドックスについて考えている。そう、ご推察のとおり、この明白な解決策は間違っている。信じられないかもしれないが、選択を変えることは実に効果的なのである。実は、選択を変えれば、車が当たる可能性が倍になるのだ。

大論争

1990年9月、世界一のIQを持つといわれるコラムニスト、マリリン・ボス・サバントが『パレード』誌にて連載中のコラムで、このパズルを紹介した。

このパズルはテレビ番組「レッツ・メイク・ア・ディール（取引しよう）」に基づいている。ここでも同じように、司会者モンティ・ホールは出場者に3つのうち1つを選択させる。3つのうち1つは高額賞品だが、残りの2つは外れである。

マリリンは、ドアの選択を変更すれば新車が手に入る可能性が倍になることを分析してみせた。しかし読者から何千通もの反対意見が殺到した。中でも厳しい批判をしたのは数学者たちだった。「とんでもない間違いだ」と彼女を酷評したのだ。

激しい議論がほぼ1年続いたが、1991年7月21日の日曜日、『ニューヨークタイムズ』の一面記事でついにマリリンの分析の正当性が証明された。

脳に負荷をかけよう

今までにモンティ・ホール問題に出会ったことがなければ、なぜドアの選択を変える作戦が功を奏するのか困惑することだろう。次のページを読むとわかるだろう（とはいえ信じられないかもしれないが……）。

多くの教授や科学者が考え違いをしたポイントを自分でうまくクリアできるか、やってみよう。なぜドアの選択を変えると成功する可能性が高まるのだろうか。

モンティ・ホール問題　その2

マリリン・ボス・サバントが示したモンティ・ホール問題への解答は直観に反していたため、数学者たちを含め、大半の人たちが納得できなかった。多くの人が間違えたのに、マリリンが正しく理解できたのはなぜなのか。2つの面から考えてみよう。ドアの選択を変えない場合と、ドアの選択を変える場合だ。

選択を変えない場合の可能性は ●

最初に3つのドアの中から1つを選ぶように求められる。3つのうち1つのドアの後ろには車があり、残りの2つの後ろには山羊がいる。ゆえに正しい選択をする確率は、3つに1つ、$\frac{1}{3}$である。

正しいドアを選択していようといまいと、クイズ番組の司会者は山羊のいるドアを開ける。最初の選択が当たっているかどうか、それ以上の手がかりは与えない。

最初の選択が当たっているとしよう。その場合、選択を変えなければ、ピカピカの新車が手に入る。最初の選択が外れているとしよう。その場合、選択を変えなければ、手に入るのは山羊だ。

しかし、以下のことをお忘れなく。最初の選択では、3つに2つは外れの可能性であるのに比べて、当たるのは3つに1つの可能性しかないこと。ゆえに選択を変えない場合は、車が当たる確率は$\frac{1}{3}$であるということを理解しよう。

選択を変える場合の可能性は ●

最初の選択をするとき、車が当たる可能性は3つに1つである。

最初の選択が当たっているとしよう。その場合、選択を変えると車は当たらない。残念！ 最初の選択が外れているとしよう。この場合、車があるのは残り2つのドアのいずれかに隠れている。しかし、司会者は山羊がいるドアを1つ開けて、手助けしてくれる。ゆえに選択を変更すれば、車が手に入る。

最初の選択が3つに1つの可能性で当たっている場合、選択を変更すると車は手に入らない。しかし、3つに2つの可能性で外れている場合、選択を変更すると車が手に入る。ゆえに、選択を変更することは、当たる可能性を$\frac{2}{3}$に上げるのだ。

信じがたいのはなぜなのか ●

モンティ・ホール問題の正解は直観に反しているため、しばしばモンティ・ホールのパラドックスと呼ばれる。「選択したドアを変更しても何も変わるわけがない」とたいていの人は思う。にもかかわらず、実際は変えたほうがいい。正しい分析をつきつけられても、納得できないのである。なぜなのだろうか。

思うに、2つのドアから選択して終わるので、車が隠されている可能性は同程度であるように思えることが問題なのではないか。しかし実際には可能性は同じではない。最初の選択が外れだとすると（$\frac{2}{3}$の確率となる）、司会者は残っている賞品から山羊を除外するしかない。どう考えても、これは有利になる。

自分で解明してみよう

たとえ私の分析に疑問があったとしても、「著者は間違っている」と投書しないでいただきたい。モンティ・ホール問題のシミュレーションをしてみたらどうだろう。インターネット上にアニメーションで確認できるものがたくさんある。ニューヨークタイムズのウェブサイトがお薦めだ（「New York Times Monty Hall」と入力して検索してみてほしい）。長時間続けていると、絶対に選択を変えない作戦の場合、車が当たる確率は$\frac{1}{3}$だが、常に選択を変える作戦の場合、$\frac{2}{3}$の確率となることがわかるだろう。

2つの封筒のパラドックス　その1

この巧妙なパラドックスはドイツの偉大な数学者、エトムント・ランダウ（1877～1938年）が考案したものだ。このパラドックスはモンティ・ホール問題よりも、パラドックスらしいパラドックスである。

2つの封筒

もう一度クイズ番組に出演して勝ち抜いたとしよう。今度は、封をされて中身が見えない2つの封筒A、Bから1つを選ぶ。「どちらの封筒にも小切手が入っています。小切手の額は、どちらか一方がもう一方の倍です」。

もちろん、自分が思う通りに選択するわけだが、そこで司会者はスタジオの観客にどう思うか呼びかける。観客は同じぐらいの割合で「A」「B」と大声で叫ぶ。

ためらいがちに手を伸ばし、封筒Aをとる。観客からは歓声とブーイングがあがる。叫び声は徐々に静まり、司会者が「封筒をBに変えますか」と尋ねる。選択を変えることに利点はあるだろうか。続きを読む前に、考えてみよう。

常識からすると、選択を変えることに意味はない。どのみち先に選んだ封筒のほうに金額の大きい小切手が入っている可能性は五分五分である。たとえ選択を変えようと決意したとしても、確率が上がることはないだろう。なぜ自分を追い込むのか。

司会者を見上げて答える。「大丈夫です。Aの封筒から変えません」。

考え直そうか

「じゃあ、こうましょう」と司会者はいたずらっぽく横目で観客を見る。「中を覗いてみたら。それで決めたらどうです」。

ゆっくり封を剥がし、封筒を開け……引き出した小切手の金額は1万ドルだ。観客はワッと拍手喝采する。司会者は茶目っ気たっぷりの笑顔でいう。「さあ、封筒を交換しますか？」

断ろうとした瞬間、ある考えがふと浮か

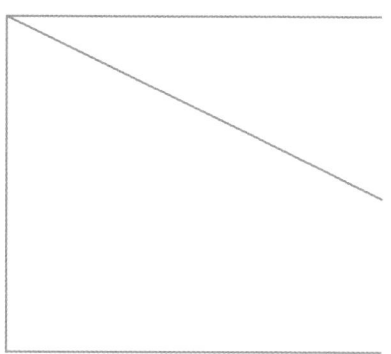

んだ。封筒を交換すると、得られる金額は1万ドルの半分（5000ドル）か、1万ドルの倍（2万ドル）のどちらかだ。減る場合は5000ドル減るが、増える場合は1万ドル増える。

交換するべきかもしれない。

もっと慎重に考えよう。現在1万ドル持っている。交換すると、0.5の確率で5000ドルになり、0.5の確率で2万ドルになる。ゆえに交換の期待値は（0.5×5000ドル）＋（0.5×2万ドル）＝1万2500ドルで、2500ドル、つまり25％の増加が期待できる。

それなら、明らかに交換するべきだ。

実のところ、交換すると決めるのに、選んだ封筒の中身を確認する必要はない。選んだ封筒の金額がいくらであろうと（仮にxドルだとする）、交換する価値がある。つまり、こういうことだ。

交換が裏目に出て0.5xドルを受け取るか、交換が成功して2xドルを受け取るかのどちらかである。ゆえに平均すると（0.5×0.5xドル）＋（0.5×2xドル）＝1.25xドルを獲得することになる。つまり選んだ封筒の中身の金額にかかわらず、25％の増加が期待できる。

パラドックス ●

だがちょっと待って欲しい。こんなこと、ばかげている。2つの封筒から無作為に選んだのだ。どうして封筒を選んだ後、もう一方に交換すると有利になるのか。

別の見方をしてみよう。最初の選択はまったくの任意だった。気軽に封筒Bにしたかもしれない。封筒Bだったならば、まったく同じ推論の過程をたどり、封筒Bと封筒Aを交換すると決定するだろう。

そうするとこれはパラドックスである。常識によれば封筒を交換することによって結果に影響を及ぼすことはない。しかし、慎重に筋道を通して確率を証明すると、影響するのだ。

常識と、我々がおこなった確率の証明、どちらに軍配があがるだろうか。封筒を交換することに利点がないと、まだ考えているだろうか。ページをめくって確かめよう。

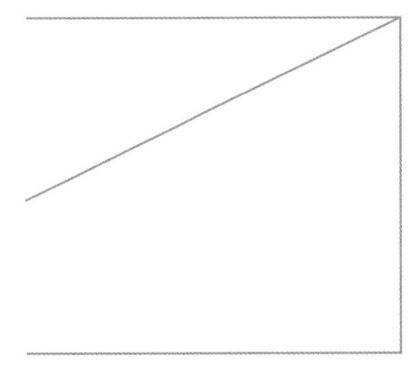

第5章　確率のパラドックス

2つの封筒のパラドックス　その2

2つの封筒のパラドックスでは、常識で考えると封筒を交換することには何の利点もないが、確率を証明した結果、交換したほうが利点があるらしいとわかった。

別の分析

別の分析方法を紹介しよう。たぶんこちらのほうが単純だ。2つの封筒、A、Bがある。どちらにも小切手が入っており、一方の小切手の金額は、もう一方の小切手の金額の倍である。

一方の封筒の金額をxドル、もう一方を2xドルとしよう。この場合、運が良ければ封筒を交換することで追加のxドルが獲得するが、運が悪ければxドル失う。まず初めにどちらかの封筒を手にとった。xドルを獲得するか、失うか、可能性は五分五分である。完全に釣り合っている。

交換する場合の期待値は、(0.5× xドル)＋ (0.5×2 xドル) ＝1.5 xドルとなる。交換しない場合の期待値は (0.5× xドル) ＋ (0.5×2 xドル) ＝1.5 xドルである。やはり完全に釣り合っている。

ゆえに、交換することは、得られる金額を増やすための利点にならない。常識に有利な結果である。

そうなると、先におこなった確率の証明がどこかおかしいように思われる。何がおかしいのだろうか。

確率の証明にある欠陥

確率の証明にある欠陥を見きわめるには、特別に賞金額の上限を設定して2つの封筒のパラドックスを考え直すと良いだろう。例えば1000ドルとしよう。

さて、先の確率の証明によると、封筒Bの金額が封筒Aの倍である可能性は、常に五分五分である。同様に、封筒Bの金額が封筒Aの半分である可能性は常に五分五分である。しかし、賞金額の上限を1000ドルとすると、事実は明らかに異なる。

封筒Aを開けて確認すると、中身は600ドルであったとする。封筒Bが倍の金額である可能性はまったくない。1200ドルは賞金額の上限を超えているからである。ゆえに封筒Bの中身は300ドルということになる。

封筒Aの金額が500ドル以上であれば、封筒Bは無条件に倍ではなく半分である事実は疑いようもない。

より一般化すると、賞金額の上限がyドルの場合、封筒Aの金額が$\frac{y}{2}$以上であるとすると、封筒Bの金額は無条件に半分の額となる。

yが金額を限定していることがわかる。ゆえに金額を限定すると、封筒Bの金額が封筒Aの金額の倍になる可能性が常に五分五分であるとはいえなくなる。

単純な例

2つの封筒のゲームで金額を限定すると何が起こったかを説明するために、賞金額

の上限を8ドル、中に入れるのは1ドル単位と設定をごく単純にして考えてみよう。起こり得る条件を表にした。

封筒Aの金額	封筒Bの金額	封筒Aを封筒Bと交換すると
1ドル	2ドル	1ドル増
2ドル	4ドル	2ドル増
2ドル	1ドル	1ドル減
3ドル	6ドル	3ドル増
4ドル	8ドル	4ドル増
4ドル	2ドル	2ドル減
6ドル	3ドル	3ドル減
8ドル	4ドル	4ドル減

		純増：0ドル

明らかに増減が交換と関連して、次から次へと相殺されている。ゆえに交換することに利点はない。

有限の賞金と無限の賞金 ───●

賞金の上限が決まっている2つの封筒ゲームでは、このように増減が相殺される。封筒Bが封筒Aの倍の金額である可能性は常に五分五分、封筒Bが封筒Aの半分の金額である可能性は常に五分五分、という前提は、この場合正しくない。

このように、賞金の上限が決められている場合は、パラドックスは解消される。

では賞金の金額が無限である場合はどうなるだろうか。この場合、パラドックスは解消されないままだと思われる。4章で繰り返し学んだように、無限とは奇妙きわまりないものなのだ。

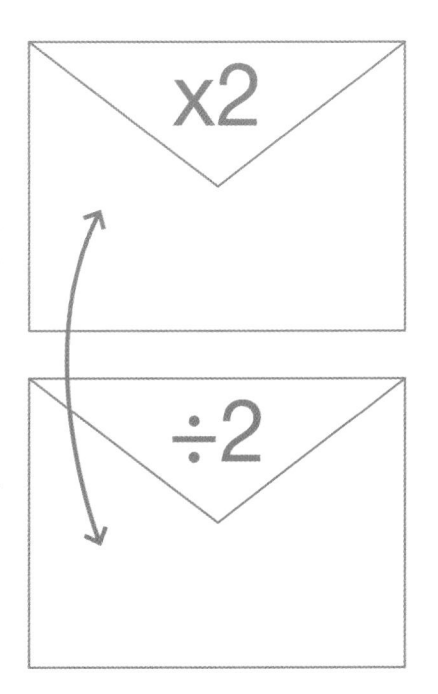

第5章 確率のパラドックス

サンクトペテルブルクのパラドックス

18世紀、ロシアの首都サンクトペテルブルクは数学の中心であり、ヨーロッパ中から優れた才能を持つ数学者が集まってきた。そこでは、スイス人の従兄弟同士であるニコラス・ベルヌーイとダニエル・ベルヌーイが「サンクトペテルブルクのパラドックス」として知られるパラドックスを考案した。

コイン投げ

運が左右するゲームでの賭けに誘われたとしよう。そのゲームは次のルールに従っておこなわれる。

偏りのないコインを表が出るまで投げ続け、表が出た時点でゲームは終了する。1回目で表が出たら1ドル獲得する。1回目は裏で、2回目に表が出たら2ドル獲得する。2回目まで裏が出て、3回目に表が出たら4ドル、という具合に、回を追うごとに獲得する金額が倍になっていく。

要するに、n回目に表が出ると、2^{n-1}ドル獲得し、ゲームが終了する。

このゲームに参加するために、いくらなら払おうと思うだろうか。

価値はいかほどか

運が左右するゲームに対する妥当な賭け金を決めるには、まずそのゲームの価値、すなわち期待値を計算しなければならない。

例えば、偏りのないコインを1回投げた結果に賭ける機会が与えられる。表が出れば10ドル、裏が出れば2ドル獲得する。この場合、10ドル獲得する可能性は0.5、そして2ドル獲得する可能性は0.5である。ゆえに、このゲームの期待値は（0.5×10ドル）＋（0.5×2ドル）＝6ドルである。

ゲームの価値が6ドルなので、6ドルまでは払ってもいいと思うだろう。もし賭け金を4ドルにすれば、ゲームに参加する強い動機となるだろう。なぜなら期待される利益が6ドル−4ドル＝2ドルとなるからだ。

では、サンクトペテルブルクのパラドックスはどうなのか。どのように期待値を計算すればよいのか。

まさに初めの1回目で表が出る可能性は0.5であり、1ドル獲得する。よって期待値は0.5×1ドル＝0.5ドルである。

1回目に裏が出て、2回目に表が出る可能性は0.5×0.5であり、2ドル獲得する。よって期待値は0.5×0.5×2ドル＝0.5ドルである。

2回連続で裏が出て、2回目に表が出る可能性は0.5×0.5×0.5であり、4ドル獲得する。よって期待値は0.5×0.5×0.5×4ドル＝0.5ドルである。

起こりうる結果に際限がないことは明らかだ。それぞれ前の場合の半分の確率だが、賞金は2倍だ。よって、このゲームの期待値の総計は0.5＋0.5＋0.5＋…0.5…ドルである。言い換えれば、このゲームの期待

値は無限なのだ。

このような期待値が無限であるゲームにはいくら賭けてもよいと思うだろうか。間違いなく、いくらでもよい。とはいえ、たった100ドル賭けるのでも躊躇するのではないだろうか。

パラドックスを解消する

サンクトペテルブルクのパラドックスは妥当な推論から、矛盾する結果（無限の期待値のあるゲームだが、高額を賭けようとは思わない）が生じる、真のパラドックスである。普遍的に賛同が得られる解決策はないが、よくある解答をいくつか紹介しよう。しっくりくるのはどれだろうか。

（1）お金は有限である
このゲームの期待値は無限だが、世の中に存在するお金は有限である。よって実際問題としてこのゲームの期待値は有限である。

（2）収穫逓減
賞金を倍にすることは、価値を2倍することにはならない。100億ドル獲得するのは素晴らしいことだ。200億ドル獲得するのも素晴らしい。しかし、2倍素晴らしいわけではない。お金の実質的な価値については、収穫逓減の法則に依存する。よって裏が出続ける限り賞金は倍増していくが、賞金の価値は倍とはならない。

（3）巨額な賞金は稀である
巨額な賞金を獲得する可能性は非常に低い。ささやかな賞金を獲得する可能性のほうがはるかに高い。数学者が何と言おうと、見返りが少ない可能性に高額を賭けることを拒否するのは、道理にかなっている。

第5章 確率のパラドックス

Profile

ブレーズ・パスカル

ブレーズ・パスカル（1623～1662年）はフランスの数学者、科学者、神学者である。彼の功績はあまりにも多く、略歴だけではとても評価しきれない。

ちょうど18歳のとき、パスカルは機械式計算機を設計・製作した。徴税官をしていた父親の計算作業を助けるためだった。この功績に敬意を表し、コンピュータのプログラミング言語である「PASCAL」は、彼にちなんで名づけられた。

後にパスカルは流体静力学を研究した。真空物理学における革新的な研究をおこない、静止している液体に圧力がかけられた場合、その圧力はあらゆる方向に均等に伝わるという原理を発見した。これはパスカルの原理として知られ、この原理を用いて注射器が発明された。パスカル（Pa）は圧力の国際単位として知られている。

パスカルは一流の数学者でもあった。1653年に重要な『算術三角形論』を著した。小学生が全員知っている「パスカルの三角形」だ。

1654年には、パスカルは運のゲームに対して数学の知識を応用することに興味を持った。ピエール・ド・フェルマーと共同し、数学的確率論を生み出した。ゆえにパスカルは確率論の創始者であると考えられている。

実際に、102～107ページで取り上げた期待値という概念は、パスカルによって考案されたものである。

パスカルの賭け

1654年の後半、パスカルは神秘的な体験をした。その体験は非常に深淵で強烈であったため、科学を断念し、代わりに神学に身を捧げるきっかけとなった。この時期におけるパスカルの最も重要な業績はキリスト教の教義の擁護、『パンセ』と呼ばれている。これはパスカルの存命中には完成せず、パスカルの死後、遺されたさまざまなノートから集められ出版された。

『パンセ』には宗教哲学における最も有名な証明が収録されている。その証明とは、パスカルが確率論を神の存在を信じるべきかどうかという実際の問題に適用したものである。

パスカルの議論はさまざまな解釈ができるが、通常は次のように示される。

あなたは神の存在を信じるかどうか決め

かねている。どのように選べばよいかわからない。まるで「表」か「裏」かの選択を迫られているギャンブラーのようだ。信じることに対する期待値と、信じないことに対する期待値を比べるのは、賢明なことだ。そうすれば、どちらの選択肢がより堅実であるかわかるだろう。

神の存在を信じることに対する期待値とは何だろうか。神が存在するならば、永遠の至福を与えられるだろう。一方で神が存在しないならば、いくらかの世俗的な楽しみが失われるだろう。さて、無限から有限の量を差し引いても無限である。ゆえに神の存在を信じることに対する期待値は無限である。

神の存在を信じないことに対する期待値とは何だろうか。神が存在するならば、罰せられ、地獄に落とされるだろう。一方で神が存在しないならば、いくらかの世俗的な楽しみが得られるだろう。ゆえに、神の存在を信じないことへの恩恵は、せいぜいわずかなものだ。

よって、明らかに神の存在を信じるほうを選ぶのが賢明に思える。

興味深いことに、この賭けの証明は、たとえ神の存在が疑わしいと思っていたとしても、神の存在を信じることを勧めている。

例えば、神が存在する確率は1000に1つ（0.001）の可能性だと考えているとする。それでもなお、存在することに賭ければ、無限の利益がもたらされる。この場合、神の存在を信じることに対する期待値は、神が存在する確率（0.001）に、神が存在したときに受け取る利益（これは無限である）を掛けたものである。さて、どんな数を無限に対して掛けても結果は無限である。数が小さかろうと結果は同じだ。よって、神の存在を信じることを選択すれば、期待値は無限である。

賭けへの批判 ●

パスカルの賭けには多くの批判が向けられてきた。例えば……

（1）信念を選択することはできない。パスカルは神の存在を信じることが賢明な選択だと述べた。しかし、何を信じるかは単純に選択できない。信念は強制されるものではない。真実であるという確信が必要である。

（2）神とはどの神を指すのか。この賭けの証明では、キリスト教の神への信仰を勧めるように仕組まれている。しかしこの議論は、無限の報いと罰を与える神であればどの神にも当てはまる。そのすべての神を信じることは不可能である。

（3）計算そのものがふさわしくない。自己本位の計算に基づいて人為的に獲得された信念は、宗教的観点からすると不適切だ。誠実で心からの信仰が不可欠ではないか。

5 あなたは眠れる森の美女

問題

日曜日。あなたは何かの実験の一環として「今晩から水曜日の終わりまで眠っていただきます」といわれる。実験の間、月曜日に起こされる。すぐに「今日は月曜日ですよ」と教えられるが、再び眠らされる前に、記憶は消去され、あるいは日曜日の夜寝る前まで後戻りする。火曜日にもまた起こされるかもしれない。起こされるかどうかは、(日曜日にいわれる) 偏りのないコインを投げた結果次第だ。もしコインの表が出れば、月曜日にだけ起こされる。コインの裏が出れば、火曜日にも起こされる。あなたは実験の間に起こされた。何曜日であるかは知らされない。何かの「忘れ薬」のせいで、火曜日に起こされたのか、月曜日に起こされたのか、曖昧だ。

問題: コインの表が出たという主張は、どの程度信頼できるだろうか？

モンティ方式

火曜日の場合、コインは裏が出たはずである。なぜなら火曜日に起こされる唯一の条件であるからだ。しかし、月曜日の場合、コインは表も裏も両方ありえる。したがって残った可能性は3つだけである。

	表	裏
月曜日		
火曜日	×	

網掛け部分 (×印) は対象外

どの条件がほかの条件よりも可能性が高いか、信じるに足る根拠は何もない。そのため、予想される状況の信用度はいずれも同じぐらいであり、信用度 (信念の度合い、もしくは強さ) はちょうど $\frac{1}{3}$ だ。

なぜ表が出る $\frac{1}{3}$ の可能性のみを考慮するべきなのかという別の考えもある。実験が非常に長期にわたって毎週繰り返されたと仮定する。実験において、コインに偏りはないので、表と裏の出る頻度は同じである。しかし、裏が出た場合は常に2回起こされるのに対して、表が出た場合は起こされるのは常に1回だけだ。したがって、長期的には、表が出て起こされる頻度と、裏

が出て2回起こされる頻度は同じになる。というわけで、裏が出る可能性は表が出る可能性の2倍となることを考えるべきだ。つまり裏が出る信用度は $\frac{2}{3}$、表が出る信用度は $\frac{1}{3}$ というわけだ。表が出る確率は $\frac{1}{3}$ であると確信できる。

ジュディ方式

ばかげている！ コインに偏りはないという前提なのだから、表が出る可能性は五分五分である。よって信用度もしくは信念の度合いは $\frac{1}{2}$ となる。

モンティのアドバイスなんて聞いてはダメ。モンティは表裏にかかわらず、コインはすでに投げられたとみなしている。しかし、いつコインが投げられるかについては、何も書いていない。いつコインを投げるかまだわからないのだ。

日曜日、実験について説明を受ける前なのか、説明を受けた後、眠らされる前にコインが投げられたのか。おそらくあなたが寝ている間、まさに起こされる前だろう。モンティはそう仮定したようだが、ことによると、まだ投げられていないかもしれない。ひょっとすると今は月曜日かもしれない。実験者がまもなく来て、今日は月曜日だといい、そして記憶を消し、眠らせ、そこで初めてコインを投げるということもありうる。偏りのないコインを投げて表が出る可能性は、それでもモンティが示唆したとおり $\frac{1}{3}$ なのだろうか。真剣に考えよう。いつコインが投げられようが関係なく、コインに偏りはない。コインに偏りがなければ、表が出る可能性は $\frac{1}{2}$ である。日曜日の夜に（偏りのないコインを投げて裏が出たときだけ火曜日に起こされることを）すでに知っているかどうかで、コインの表が出る確率が $\frac{1}{3}$ に下がるのだろうか？ 起きているというだけでは、確率を考え直す証拠にはならない。

解決策

「月曜日です」といま伝えられたと仮定しよう。この新しい情報によって、結果が表だと思う信念の度合いは変化するだろうか。

$\frac{1}{3}$ 派（モンティ）も、$\frac{1}{2}$ 派（ジュディ）も、この場合、表が出たことに対する信用度は上がると考える。$\frac{1}{3}$ 派は $\frac{1}{2}$ に、$\frac{1}{2}$ 派は $\frac{2}{3}$ に上がるはずだと考える。なぜだろうか。月曜日であるのを知ったことで、何かを知る。それにより、主観確率が変わる。例えば、今あなたは日曜日の夜に記憶を速やかにリセットされ、そして再び速やかに眠らされることを知っている。火曜日は未来のことであり、あなたは今その未来にいないことも知っている。これは、左ページの表で除外されていない3つのうちの1つ（右下の火曜日×裏）が事実上除外されることを意味する。目が覚めたら、3つのうちのどれかに当てはまると思っただろうが、今となっては残りの2つに1つの可能性のどれかであると知っている。というわけで、月曜日だとするなら、表が出る信用度は少し変化する。

第5章　確率のパラドックス

第6章

空間と時間

　空間や時間は抽象的な概念だが、私たちの具体的な現実を作っている。その構造を分析すると、戸惑うようなパラドックスが多数潜んでいることが明らかになる。哲学から愛されたこれらの実り豊かなパラドックスは、昔も今も、物理学の発展を導いた。数学の無限としばしば関連づけられ、フィクションに登場する神々の不思議な力を解き明かす。物理学の法則や地球の有限性に縛られることなく、神々はパラドックスの哲学的な驚きを示し強調する重要な役割を演じている。

Profile

エレアのゼノン

哲学、数学、科学に関心がある人ならば、「パラドックス」という言葉を聞くと、ゼノンの名前を思い浮かべるだろう。正確にいえばエレアのゼノンである（ストア派の哲学者キティオンのゼノンと混同しないように）。

エウブリデス（36～37ページ参照）と同じように、ゼノン（紀元前490～430年）は、独創的なパラドックスの発明者としてよく知られている。ゼノンのパラドックスはエウブリデスのそれのように、面白くて重要で、年月がたっても古びることがなく、今日も白熱した議論が展開されている。

実際、ゼノンの名声は、エウブリデスをしのぐ。アキレスと亀のパラドックス（116～117ページ参照）は、哲学に特別関心のない人にもよく知られている。（おそらく物語の形式で表され、イソップ寓話のように興味深い登場人物が出てくるからだろう）

ゼノンは、哲学者パルメニデス（紀元前520～450年頃）の愛弟子（恋人という説もある）だった。2人はともにギリシャの植民地エレアから南イタリアにやってきた。

プラトンによれば、2人はアテネを訪れ、まだ若いソクラテスと知り合いになった。3人は意気投合し、パルメニデスの哲学がソクラテスに影響を与えたとされる。

ゼノンがどんな一生を送ったのかはほとんど知られていないが、死をめぐっては多くの伝説が残されている。アテネからエレアに戻った後、君主ネアルコスに対する陰謀に巻き込まれたらしい。陰謀は失敗に終わり、ネアルコスはゼノンを尋問、拷問の末に殺してしまった。

尋問の際、ゼノンはネアルコスの友人を共謀者だといったとか、舌を嚙みきってネアルコスに向かって吐き出したとか、ネアルコスに飛びかかって鼻を嚙みきったといわれている。

ゼノンのパラドックスの背景───●

パルメニデスの思想はヘラクレイトス（34～35ページ参照）と真逆だった。バートランド・ラッセルは『西洋哲学史』の中で両者の違いを「ヘラクレイトスは万物は変化すると主張し、パルメニデスは万物は変化しないと反論した」と、簡潔にまとめている。

私たちが感じる世界は、さまざまな大きさのいろいろな物からできており、時間とともに動き変化する。しかし、パルメニデスは、こうした感覚は当てにならないと考えた。宇宙は見かけと違い、ひとつのものであり、変化しない、と述べている。

彼によれば、真の存在は絶対であり、真の存在を作るものは無限で、時間がなく、変化がない。そして、多くのものは幻想にすぎない。

ゼノンのパラドックスは、時間や運動に対する私たちの観念は、論理的精査に堪えられないことを示そうとして考え出された。パルメニデスの「真にあるものは永久不変だ」という主張を間接的に支持しているのである。

そのパラドックスには、論法に背理法が使われている（72〜73ページ）。ゼノンは、時間や運動は存在する、宇宙は多様性を認める、という仮定から論述を始める。この仮定からは間違った結論しか引き出せないことを示し、それによって仮定の誤りを証明する。

ゼノン対多様性 ●

ゼノンの有名なパラドックスは、運動に対する反論としてよく知られている。116〜119ページにもあるように、よく議論されてきた。ここにもうひとつゼノンのパラドックスがある。これは多様性という概念に反論をつきつけるものだ。

宇宙がさまざまな大きさの物を包含すると仮定する。物に大きさがあったら、部分もなければならない。そうなると単体ではなく、小さな部分の寄せ集めになってしまう。本来、単体は大きさを持たずにあるべきだ。しかし、大きさが無ければ存在しないのと同じ。大きさのない部分を寄せ集めてできた物体は大きさがなく、存在しないのと同じである。

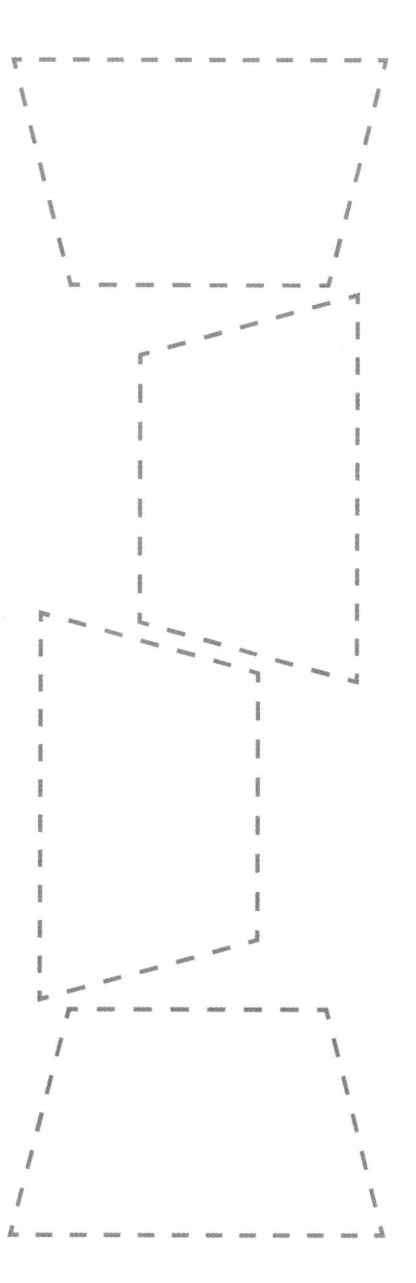

第6章　空間と時間

アキレスと亀

　ゼノンのいちばん有名なパラドックスは、運動と関係がある。残念なことに、ゼノンの書いたもののほとんどが現存しない。そのためこのパラドックスについては、アリストテレスの著作により間接的に知られているにすぎない。

アキレスと亀 ●

　アキレスと亀が競走するとする。アキレスは運動能力に優れ、足も速い。だが亀は……どうしたって亀だ。アキレスは亀より断然速いからハンデをつけ、先に亀をスタートさせる。レースは長丁場だ。亀に追いつく時間はたっぷりある。

　いったいどちらが勝つだろう？　アキレスだ。あたりまえだろう。

　「いやいや」と、ゼノンはいう。論理的に考えたらわかることだ。亀を追いこさない限り、アキレスは勝てない。追い越すには追いつくことが必要だ。しかしアキレスは追いつくことができないのだ。

　そのわけはこうだ。アキレスがどれだけ速く走っても、亀のいた場所に着くまでに、なにがしかの時間がかかる。だけどその間に亀はもう、コース上の別の地点に移動している。アキレスはさらにその別の地点にいる亀に追いつかなければならない。ところが、どれだけ速く走っても、そこに着くまでにやっぱり時間がかかる。その間に亀は、また先の地点に移動している。今度はそこを目指すけれど、着いたときにはまた先の地点に動いている。この繰り返しが無限に続く。

　アキレスは決して亀に追いつけないし、追い越すこともできない。だから競走に勝てない。

ちょっと考えよう ●

　ゼノンの説明の仕方は巧妙で、優れている。だけど、本気で信じる読者はまずいないだろう。理屈がどうあれ、私たちは知っている。速いアキレスがのろい亀を追い越すことを。ゼノンの言い分にはどこか欠陥があるに違いない。問題は、それがどこかである。

　アキレスと亀のパラドックスは、2000年以上もの間、哲学者によって議論されてきた。解決にはたくさんのアプローチの仕方がある。この一風変わった解決法は、アラン・R・ホワイトによって提起された。1963年『マインド』誌に発表されたものだ。

射撃場のアキレス ●

　アキレスの影（幽霊のようなもの）が、射撃場で運だめしをしようと考えた。すると、ゼノンの霊がこんなアドバイスをした。「的を狙って撃て。ここから狙って撃つんだ」。

　アキレスはアドバイスに従って、銃を手にした。狙いを定め引き金を引いた。ところが、弾丸が到達するまでに的に描かれた印が動き、撃ち損ねてしまった。

　アキレスはもう一度やってみた。より高性能の銃と、より高速で飛ぶ弾丸を使ってみる。でも無駄だった。的が右に動いたた

め、アキレスの弾丸は当たらず、わずかに左に落ちた。

　運よく、そこにソクラテスの霊が現れた。「ここから動く的を狙っても、お前はその中心を撃ち抜けないぞ。的のわずかに右を狙うんだ」。アキレスがソクラテスのアドバイスに従って撃ったところ、弾は中心を貫いた。

　この話は何がいいたいのだろう。ゼノンの主張の誤りがわかっただろうか？

　アラン・R・ホワイトの話でわかるのは、射撃場のアキレス同様、アキレスと亀のパラドックスも私たちを誤解に導いているということだ。

　今ある場所を狙っても、動く的は撃てない。的が動くであろう場所を狙わなければならない。同様に、アキレスは、亀が今いる地点を目指して走っても永遠に追いつけない。亀がこの先到達するであろう地点を目指して走れば、簡単に追いつくことができる。

　ホワイトはいう。「ゼノンは、亀が追いつかれない理由を証明しなかった。アキレスが証明したのは、距離を埋めることでは追いつけないということだ」。

　これは完璧に納得がいく。アキレスが、現在地からさらに先の地点をめがけて走れば、簡単に亀を追い越せるだろう。例えばゴール地点をめざすとか。

　だが、ここでまたゼノンはニヤニヤしていうだろう。「ああ……問題は、アキレスは決してゴールに到達できないのです。コース上のほかのどの地点にも」。この驚くべき発言の理由は、118〜119ページにかけて説明される。

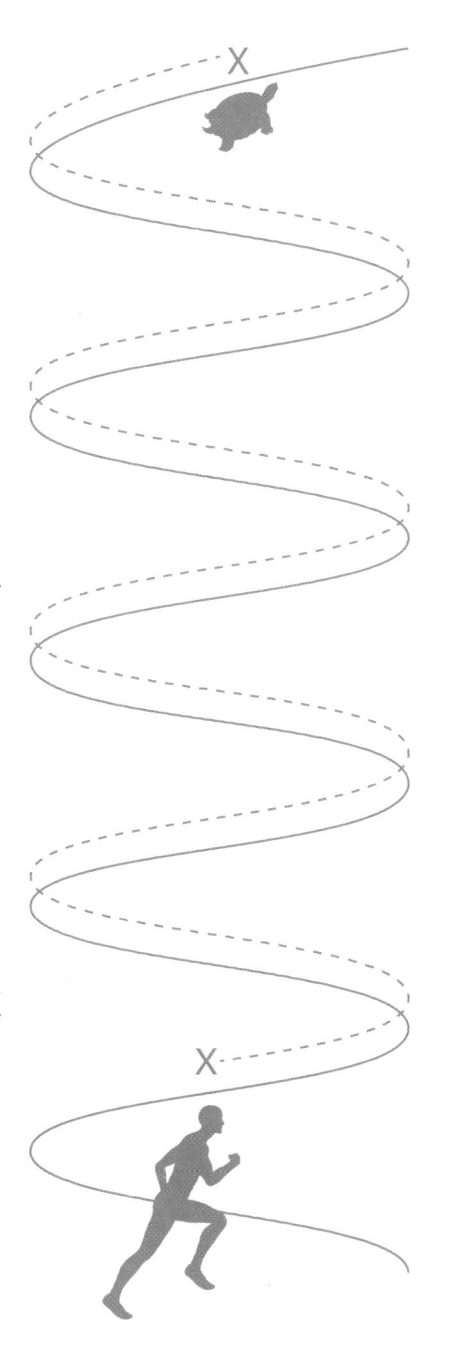

第6章　空間と時間　　117

レース

ゼノンの「アキレスと亀」というパラドックスの趣旨は、俊足のアキレスが足の遅い亀を決して追い越せない、ということにある。アキレスがどれだけ速く走っても、レースの距離がどれだけ長くても、亀を追い越すことはできない。競技場のパラドックス（二項対立としても知られる）では、ゼノンはもう一歩論を進めている。どんな運動選手も、その選手がいくら速くても、ゴール地点には決して到達できない。彼はこんなふうに証明している。

競技場のコース

運動選手が競技場のコースを走ろうとすれば、まずコース全体の中間点に到達しなければならない。この時点で、走る距離は元の長さの半分になっている。

残りを走ろうとすれば、また、その中間点に到達しなければならない。残された距離は元の $\frac{1}{4}$ だ。

残り $\frac{1}{4}$ を走るには、またまたその中間点に到達しなければならない。残りは元の $\frac{1}{8}$ だ。

一連の動きが永遠に続く。この運動選手は、無限の、残った距離を走らなければゴールにたどりつけない。しかし、これは不可能だ。無限の距離を有限の時間で走りきることはできない。だから、選手はゴール地点に到達できないというわけだ。

どこかに移動する人・ものにこれはぴったりと当てはまる。アキレスはコースの終着点に到達できないが、亀にしても同じことだ。ということは、私たちが部屋の端から端へ行こうとしても、永遠にたどり着けないということだ。誰も、どこにも行けない！　1ミリ先に動くのでさえ、初めに0.5ミリ動いて、次は0.25ミリ、その次は0.125ミリ……、これを無限に繰り返さなければならないのだ！

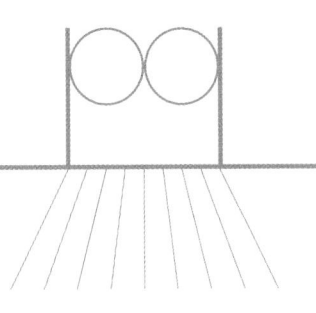

ゼノンを論破する

「見た目と違って、何も動かないし、変化しない」というパルメニデスの主張を間接的に擁護しようとして、ゼノンはこのパラドックスを考えた（114〜115ページ）。運動という概念は論理的におかしい、だから棄てるべきだ、と言おうとした。

2500年もの間、哲学者、数学者、科学者はゼノンと知恵を競ってきた。彼のとっぴな結論を受け入れるのではなく、論破しようとしてきた。後述する数学的見地からの反論は決定打であると多くの人に思われている。

無限級数の合計

問題をわかりやすくするために、競技場のコース全体の長さを1キロメートルと仮定する。選手は初めに$\frac{1}{2}$キロメートル進み、次に$\frac{1}{4}$キロメートル、その次は$\frac{1}{8}$キロメートル、$\frac{1}{16}$キロメートル……と進んでいく。さらに1分間に（驚くべきスピードだが）1キロメートル進むとする。こうして、減り続ける残りの距離を、どんどん速いタイムで走っていく。$\frac{1}{2}$秒、$\frac{1}{4}$秒、$\frac{1}{8}$秒、$\frac{1}{16}$秒……。

コース全体を走りきるのにかかる時間はこうなる。

$$\frac{1}{2}+\frac{1}{4}+\frac{1}{8}+\frac{1}{16}+\frac{1}{32}+\frac{1}{64}\cdots\frac{1}{2^n}+\frac{1}{2^{n+1}}\cdots 分$$

ゼノンは、このような無限級数の合計は無限になる、と考えていたようだ。しかし、現代の数学者はそうではないことを知っている。このような級数を足し続けると、合計は1に収束していく。

したがって、選手は、有限の時間で無限の距離を走りきることができるのだ。かかる時間はどんどん短くなり、こうした時間の合計は有限に収束するからだ。

注意点

数学者の反論は完璧に見えるが、どことなく核心をついていない感じがする。

ゴール地点に着くまでには無限の距離を走りきらなければならない。彼はもちろんこれまでになく速く走りきれるし、かかる時間の合計も有限に収束していく。

とはいうものの、「無限の距離を走りきる」という記述はどこか落ち着かない。これは次のページの「スーパータスク」にもつながるテーマである。

スーパータスク

誰か（何か）が有限の時間で無限に続く行為をやりきるのは、可能だろうか？初めて聞くとばかばかしく思えるだろう。そんなことが可能だと、いったい誰がいった？

しかし実際、この問いは競技場のパラドックスと密接な関係がある。ゴール地点に到着するために、運動選手はまさにこれをやりとげなければならないからだ。無限に続く距離を有限の時間で走りきる必要がある。すなわち哲学者がいうところの「スーパータスク」を遂行するのだ。

英国の哲学者ジェームズ・F・トムソンは、次のパラドックスを考えた。この問題に対する視点が得らえるかもしれない。

トムソンのランプ

ボタン式スイッチがついたランプを思い浮かべてみよう。ボタンを押すとランプがつく。もう一度押すとランプは消える。またまた押せばランプはついて、次に押したらランプは消える……。

さて、このランプのボタンを1分間、何度も繰り返して押すとする。「押す」「離す」「押す」の間隔はどんどん詰めていく。$\frac{1}{2}$分、$\frac{1}{4}$分、$\frac{1}{8}$分、$\frac{1}{16}$分……という具合で、1分間終わるときには、ランプは無限回ついたり消えたりしたことになる。まさにスーパータスクを成し遂げたわけだ。

そこで問題である。最後、ランプはついているか、それとも消えているのか。

トムソンは、スイッチをオンにする動きのあとに、オフにするという動きが生じるのだから、最後ランプはついている、と主張している。しかし、同じように、スイッチをオフにするという動きがあってこそ、オンにするという動きが生じるのだから、ランプは消えている、ということもできる。だから、実際はどちらかであったに違いないが、一方に決めることは不可能だ。

ランプはスーパータスクを成し遂げられる、という主張には矛盾がある。トムソンは背理法を使って、スーパータスクをやり通せると考えることこそが、論理の欠陥だと主張する。

トムソンの反論

トムソンのランプは物理的にいって非現実的だ。科学的理由から、そんなランプはありえない。それでも、この話は少なくとも論理的には可能なように思われる。だから、スーパータスクを認めない論理的理由があるのだろう。

ところが、トムソンの分析には誤りがある。

なるほど、連続する時間の間隔の合計（$\frac{1}{2}+\frac{1}{4}+\frac{1}{8}+\frac{1}{16}$…）は1に収束していく。でも、収束すると完全に到達するとは違う。継続してボタンを押し続けるルールによって、その瞬間その瞬間のランプの状態は正確にわかる。ところが1分経ったときのラ

ンプの状態については何もわからない。「1分後のランプの状態」について矛盾を生み出すどころか、トムソンのパラドックスは結局何も述べていないのだ。

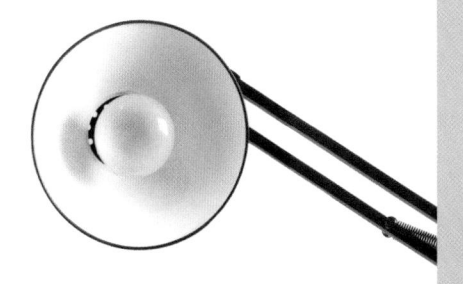

> ◆ 考えてみよう
>
> 　トムソンのランプの話は、無限回の行為を成し遂げるという論理的可能性を除外していないように思える。それでも、私はスーパータスクにやはりひっかかってしまう。そして今度は競技場のパラドックスが気になってしかたがなくなる。
>
> 　私は想像してみる。ゼノンのパラドックスに出てくる運動選手が、ゴール地点に向かって走っている。同時に、神がその姿をご覧になっていて、選手がゴール地点までの距離を縮めるたびに、「ピーッ」といっている。$\frac{1}{2}$キロ地点、$\frac{3}{4}$キロ地点、$\frac{7}{8}$キロ地点、$\frac{15}{16}$キロ地点……。
>
> 　神は全能だ。難なく無限回の行為をやり通せるはずだ。だけど、神にもスーパータスクが成し遂げられなかったら？
>
> 　1分が経って、選手がゴール地点に着いたとき、神は無限回「ピーッ」といったことになる。そう考えると、数学者が何を言おうが不快な気分になるのだ。あなたはどうだろうか。

第6章　空間と時間

Profile

アルバート・アインシュタイン

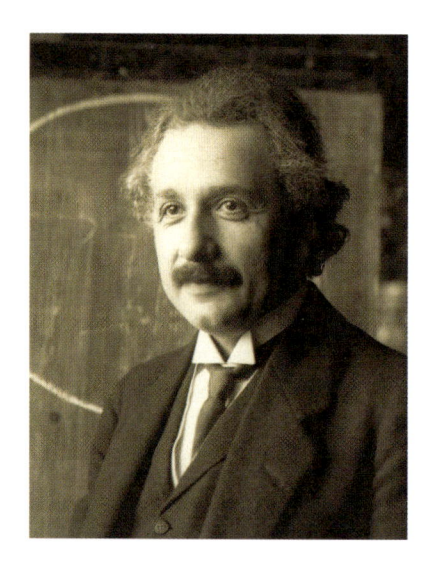

ドイツの哲学者ショーペンハウアーはこう書いた。「才能のある人は、誰も射ることのできない的を射る。天才は、誰も見ることのできない的を射る」。この言葉だけでなくどんな基準からみても、アルバート・アインシュタイン（1879～1955年）は天才だ。彼の大胆かつ度肝を抜くような議論は、20世紀の科学に革命をもたらした。

アインシュタインが物理に興味を持つようになったのは、4～5歳の頃、父親に磁気コンパスを見せてもらったのがきっかけだった。すっかり夢中になり、コンパスの針がどうして北を向くのか一生懸命考えようとした。こうした子どものような好奇心は、後の研究に大いに役立った。彼にとって世界はひとつのパズルだった。パズルに挑戦するのが楽しくてならないのだった。

人並み外れた能力の持ち主であったにもかかわらず、学校生活は楽しくなかった。通っていたミュンヘンのプレップスクールは、厳格で創造性の余地のないカリキュラムで息がつまりそうだった。学位取得のためチューリッヒ連邦工科大学に進んだが、そこでの指導法にもなじめなかった。

学位取得後、特許局の技術アシスタントに就いた。才能に恵まれた彼にとって仕事は楽で、空いた時間に思いきり物理学に打ち込むことができた。1905年には、チューリッヒ大学で博士号を取得する。

同年、彼は3本の科学論文を発表した。どれも物理学の発展に大きな影響を与える論文で、誰にとっても目をみはる業績である。専門外の人間であれば想像もできないだろう。うちひとつは、特殊相対性理論（124～125ページ参照）と呼ばれるもので、科学史上最も有名な方程式 $E = mc^2$ をもたらした。

チューリッヒ、プラハ、ベルリンで大学教授としての職を得るまでさらに4年間かかった。1915年、彼は一般相対性理論を発表した。時空における重力効果を説明するために、特殊相対性理論を拡張したものだ。（126～129ページ参照）

一般相対性理論による予言に「太陽の近くを通る光線は曲がる」というものがある。この予言は1919年の皆既日食で、天文学者によって正しいことが確認された。当時、世界中の新聞がアインシュタイン理論の勝利を書きたて、彼はついに国際的スターとなった。1921年、ノーベル物理学賞を受賞する。

ヒトラーが台頭すると、アインシュタインはドイツを離れ、ニュージャージーのプ

リンストン高等研究所に移った。1939年、ドイツによる原爆の製造計画をフランクリン・D・ルーズベルト大統領に送っている。（原子爆弾はアインシュタインが発見した科学原理を応用した武器である）

この手紙は、アメリカ政府の"A"爆弾（原爆）製造決定に影響を与えた。アインシュタイン自身はこの計画には参加しなかった。後に、日本への原子爆弾投下を強く非難した。核兵器禁止運動にも参加した。

経歴を見てみると、厳しい道徳心に裏打ちされた物理学への情熱と、政治に対する積極的な関心が結びついているのがわかる。みずからの名声を活用して、人種差別・偏見に対して反論し、マッカーシズム（反共産主義の社会運動）を非難した。

空間と時間とアインシュタイン──●

124〜129ページでは、タイムトラベルに関するパラドックスを取り上げた。タイムトラベルという発想は考えただけでうずうずする。未来に行って、どんなに技術が発達しているか見てみたい。過去に行って、恐竜と一緒に歩いたり、山上でイエスのお話を聞いたりしたい……そんな想像をした人は多いのではないだろうか。

もちろん、常識で考えればこんなことはみんな絵空事だ。時間は変えられたり、操られたりするものではない。時間は、過去から未来へと常に流れる川のようなもの。人やものはすべて同じ速さで前へ前へと押し流される。私たちは過去に戻ることはできない。なぜなら、過去はもはや存在しないからだ。未来へ行くこともできない。なぜなら、未来はまだ存在しないからだ。

アイザック・ニュートンは時間についてそのようにとらえていた。200年以上もの間、物理学者はニュートンの科学理論に支配されてきた。ニュートンによると、時間は絶対であり、もとに戻ることがなく、一定である。誰にとってもどこであっても変わらない。

しかし、ニュートンは間違っていた。1905年にアインシュタインは特殊相対性理論を発表し、時間が伸縮自在だと示すことで、ニュートンの時間概念を覆した。時間は伸びたり縮んだりするのだ。

10年後、アインシュタインは一般相対性理論を発表した。質量またはエネルギーによって時間はゆがめられる──この理論で時間に対する「一般的な常識」はさらに揺らぐことになる。

特殊相対性理論では、未来へのタイムトラベルは科学的に困難ではない。一般相対性理論で、過去へのタイムトラベルという可能性が広がった。

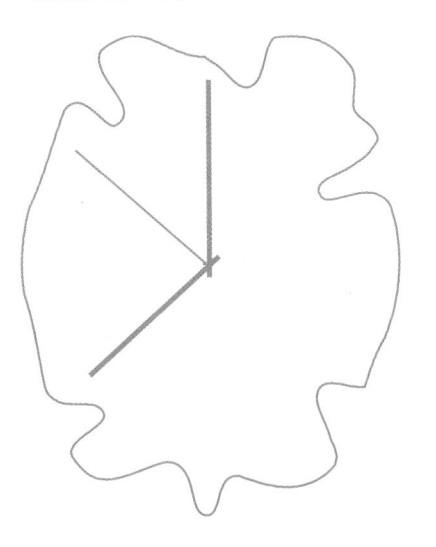

未来へのタイムトラベル

1905年、アインシュタインは時間の概念を覆した。時間は絶対的でなく、相対的であると考えたのだ。彼は光の動きに取り組んでいた。時間の概念を徹底的に見直すことでしか、光の動きを理解することはできない。特殊相対性理論では、時間の流れは観測者が動く相対速度によることを証明した。

アインシュタインは「1つの地点で静止したままの時計と比べると、2つの地点を往復した時計は遅れるだろう」と予言した。往復する速度が速ければ速いほど、遅れも大きくなる。時間の流れる速さが、運動の影響を受けることを、「時間のゆがみ」という。

この効果をわかりやすくするには、動く速さが光のそれに近づけることが求められる。光は1秒間に30万キロメートル(約18万6000マイル)という速さで進むから、これに近づくことはどれだけ困難かがわかるだろう。

時計を動かす速さが光の速さに近づけば近づくほど、静止したままの時計からの遅れは大きくなる。光速で移動していると、それ以上は動けなくなる。しかし特殊相対性理論では、ほかの物体が光と同じ速さを持つことは決してない。

運動による影響を受けるのは、時計だけではない。すべての物理的・生物学的変化は同じように速度が落ちる。時間がゆっくり流れる、という表現は、まさに正しい。

特殊相対性理論は目を疑うものだが、実験により完全に確証が得られている。最も驚くのは、未来へのタイムトラベルの方法が示されていることだ。この独特のタイムトラベルは、いわゆる「双子のパラドックス」によって示されている。

双子のパラドックス

一組のそっくりな双子AとBを想像してほしい。Aは地球上に残って、Bは宇宙を非常に速いスピードでぐるりと回って帰ってくる。Bは、Aよりゆっくり年をとる。光速に近いスピードで宇宙を回ったなら、何十年後に地球に戻ったとしても、ほんの少ししか年をとっていないだろう。

こうした独特のタイムトラベルについては論争の余地がない。確かに、科学技術のとてつもない進歩が必要だ。しかし、未来へ移動できるタイムマシンとはすなわち、光に近い速さで進む宇宙船と同じことだ。

双子のパラドックスは、常識に反するという意味でパラドックスといわれているにすぎない。双子の片割れがもう片方より年をとる、というのは、到底信じられない。しかしそこには論理的矛盾も、科学的不可能もない。宇宙は思っていたよりずっと不思議な場所だということを、私たちは受け入れるしかないだろう。

訓話

かつて小学校で教えていたことがある。ある日たまたま同僚に「時間というものは、

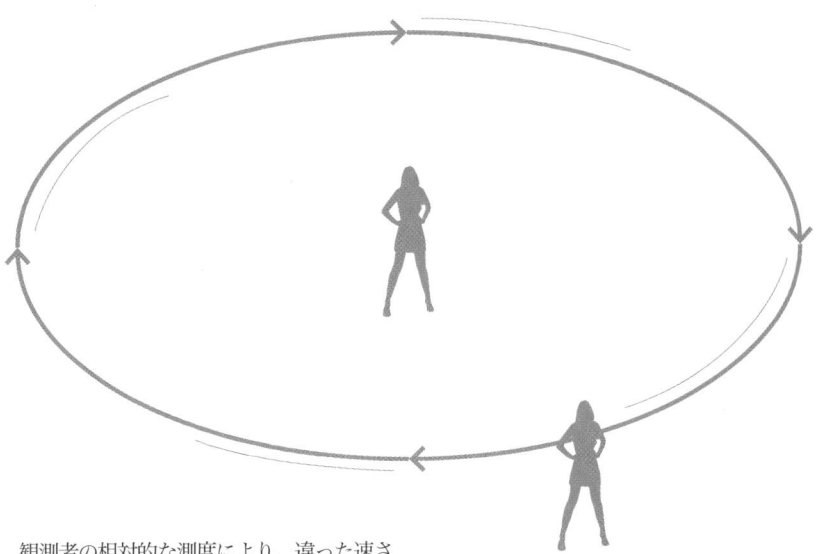

観測者の相対的な測度により、違った速さで流れる」という話をした。(なぜそんな話になったかは秘密！)

彼の憐むような視線を、私は決して忘れない。フェストゥスがパウロにいった言葉「汝は気が狂っておる！　勉強しすぎて狂ってしまったのだ！」を思い出した。

そこで、「時間の遅れは、アインシュタインの特殊相対性理論によって予言されたことだ」と説明し始め、「実験により完全に確かめられているんだ」ともいった。しかし、無駄だった。「科学」も常識が間違っていることを、納得させることはできなかった。

自分にとって慣れない状況では常識がまったく役に立たないこともある。思想家ジョン・ロック（1632〜1704年）は、暖かい気候に慣れているインドの王子が氷の存在を信じなかったという例を挙げている。

同様に、私の同僚も時間について身近な常識にとらわれていた。私たちの住む地球では、大きなものが光の速さよりはるかに遅く動いているから。時間の流れが遅くなる、などということは日常ありえない。だから「ばかげている」と思ったのだろう。

この訓話のポイントとは？　バートランド・ラッセルがうまいことをいっている。「哲学者になりたいと思うならば、ばかばかしいことに怯まないことだ」。

第6章　空間と時間　125

過去へのタイムトラベル　その1

普通、時間と空間はまったく別のものだと考えられる。しかし、アインシュタインの考える宇宙では、三次元の空間と一次元の時間が密接に結びついて、時空として知られる四次元の世界となっている。過去・現在・未来の出来事はすべて、時間と場所を表す時空の座標上に配置されている。

多くの物理学者は、過去から未来へと時間が一方向に流れていくと考えるのでなく、出来事が単に時空に存在する、という概念を認めている。この時間の概念は、「ブロック宇宙」といわれている。ブロック宇宙では、過去・現在・未来という言葉はたいして意味を持たない。時空のどこに位置しようとすべての出来事は等しく「いま」なのだ。

友人に宛てた手紙に、アインシュタインはこう書いている。「私たち物理学者にとって、過去・現在・未来を分けるのはただの幻想にすぎない。もっともらしい幻想ではあるが」。

これによると、過去や未来は現在と同じくらい確かに存在する。私たちの「向こう」にある。特殊相対性理論は、未来へ行く方法を教えてくれた。過去へ時空を移動する方法がわかったならば、過去の出来事にも行ける。一般相対性理論の到達点だ。

一般相対性理論では、特殊相対性理論をさらに広げ、重力の影響について説明した。重力は質量とエネルギーが時空をゆがませた結果生じる、という考えが理論の中心になっている。

質量の非常に大きい物質は、空間と時間を劇的にゆがませる。理論上、時空が「時間的閉曲線（CTCs）」（時間が輪のような閉じた曲線になったもの）になるまでゆがむことは可能である。このように時間を進んでいくと、自分が今いる場所に戻ってくる。CTCsはもしかすると、過去へ行ける道かもしれない。この道を安全に進むことができれば、宇宙飛行士が過去に行き歴史上の出来事に参加することもできるだろう。

1949年、オーストリアの論理家クルト・ゲーデルは、過去へのタイムトラベルにつながるアインシュタインの重力場の方程式（物質の質量エネルギーが時空のゆがみに関係することを表した式）に解答を提示した。しかし彼の解答は、循環し、拡張しない宇宙についてのみ当てはまる。私たちの宇宙は、アインシュタインの方程式が表すように拡張・発展し続けており、循環しているように見えない。

それでもやはり、ゲーデルの計算は、制限のない時間旅行が原理的には可能だと示している。ほかの方法で過去へのタイムトラベルができないだろうか、と考えずにはいられない。

物理学者の中には、回転するブラックホールなら、CTCsができるくらい十分に時空をゆがませることができる、と主張するむきもある。理論上、飛び込んでいった宇宙飛行士は、入ったときより早い時間に帰ってくる。ただし、帰ってこられるくらい十分な速さで回転する場合だが。

あいにく、自然発生したブラックホールが必要な速さで回転することはありえない。

1970年代、物理学者フランク・ティプラーは、高速で回転する高密度のシリンダーで、タイムトラベルが可能なくらい時空をゆがませる重力場を作れる、と考えた。長く分厚い上に、太陽10個分の質量を持ち、1分間に20〜30億回転するシリンダーなら、それが可能だ。しかし、この「タイムマシン」は物理的にいって非現実的である。

カリフォルニア工科大学のキップ・ソーンは、ワームホール（時空における一種のショートカット）の2つの入り口を操作することで、CTCsを作ることができると主張した。タイムトラベルに適したワームホールを作るのは、科学技術的に困難である。現在よりはるかに進歩した文明が必要だ。しかし、不可能だというのではない。

過去へのタイムトラベルは見てはいけない夢なのだろうか。科学者たちがタイムトラベルは不可能とする物理法則を見つけるかもしれないし、技術的な障害が乗り越えられないかもしれない。しかし、今はわずかながら可能性が残っている。

> ◆ 考えてみよう
>
> もし、過去へのタイムトラベルが実現するとしたら、タイムトラベラーたちはどこにいるのだろうか。歴史上重要な瞬間には、未来からの旅行客が多数集まりそうだ。その中には、アドルフ・ヒトラーの台頭やキリストのはりつけを妨害したくなる人もきっといるだろう。

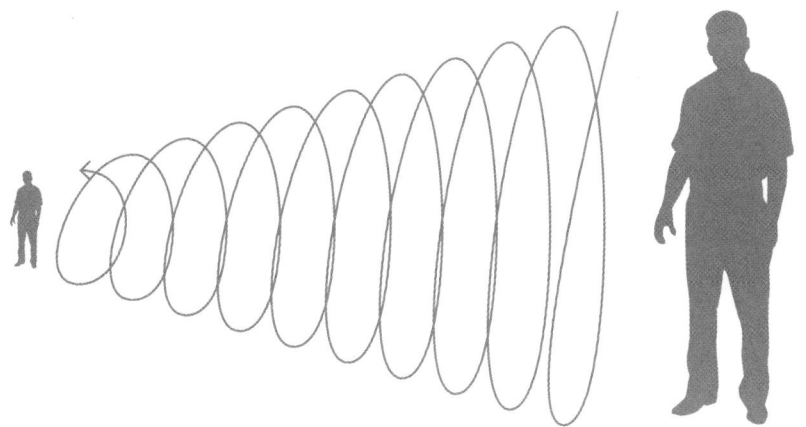

第6章　空間と時間

過去へのタイムトラベル　その２

タイムトラベルを認めない、説得力のある科学的理由を見つけた人はいない。しかし、論理的な異論はいくつかある。過去へのタイムトラベルは、厄介なパラドックスをもたらすのだ。

祖父のパラドックス

過去へのタイムトラベルが可能になったならば、父親の誕生以前の時間に戻って祖父を殺そうとする人をどうやって止めればよいのか。一見して何でもないことのように思える。しかし、自分の父親が誕生する前に祖父が亡くなったら、自分も存在するはずがない。明らかに不条理だ。

知識というパラドックス

過去へのタイムトラベルによって、次のようなシナリオも可能になる。

若い男が老人から本をもらった。本にはタイムマシンの作り方が書いてある。若い男は早速、本の通りに作り始めた。時がたち、老人になった彼は、過去に戻って若い頃の自分に件の本を渡す。

まったくおかしな話だ。この本は作られても、破られてもいない。しかも本に書かれた知識は、どこからきたのかわからない。話の中では、この知識を得るために必死に努力した人間がいないのだ。

祖父のパラドックスとの格闘

祖父のパラドックスを避けようとして、物理法則を適用し、タイムトラベルの可能性を排除してきた科学者もいる。スティーブン・ホーキングは時間順序保護説を提案し、物理法則は過去へのタイムトラベルを妨げるといった。

このパラドックスが解決できると信じる学者もいる。ある学派は、タイムトラベラーの行動は独特の制約を受ける、と主張する。簡単にいえば、過去には行けるが、過去の出来事を変えることはできないということだ。

例えば、祖父の若い頃にタイムトラベルし、撃ち殺そうとすると想像してみよう。きっと、自分の思惑通りにいかない。銃の引き金が壊れているかもしれない。突然心変わりするかもしれない。祖父は負傷で済むかもしれない。そして妻（祖母）によく似た看護婦に看取られ、病院で亡くなるかもしれない……。

量子論の多世界解釈がタイムトラベルのパラドックスを解消するカギだという学派もいる。これによれば、物理学的現実はパラレル宇宙の集まりからなる。時間的閉曲線が存在するところで、これらの正常なパラレル宇宙が普通でないやり方でつながっている、と唱える科学者もいる。CTCsに沿って過去にタイムトラベルする人は、出発した場所と違う宇宙に戻る。祖父が長生きしている宇宙を出て、祖父が若くして亡くなった別の宇宙に入ってくる可能性もあるわけだ。

> ### チャレンジ
>
> 祖父のパラドックスを解くためのたくさんの方法が考え出されている。しかし、知識というパラドックスについてはどうだろうか。どう考えればいいか、解き方を考えてみてほしい。タイムトラベルを否定、という以外に。

● ヒント

　初めに思いついたのは——過去へのタイムトラベルは、知識というパラドックスのシナリオを認めているように見えるが、それがなければならないというわけではない。だから、単に無視すればいい。

　2番目に思いついたのは、量子論の多世界解釈でうまくいくかもしれない、ということだ。

　例えば、タイムトラベラーは、一般的な研究によりタイムマシンの作り方を発見する。この知識を本にまとめる。タイムマシンを作り、若い頃の自分にその本を届ける。CTCsをうまく操って、出発した場所と違う宇宙に姿を現す。

　こうして、パラドックスを生むことなく、若い頃の自分に本の知識を届けることができた。本も知識も、ほかの宇宙でのこととはいえ純粋な努力の結果である。

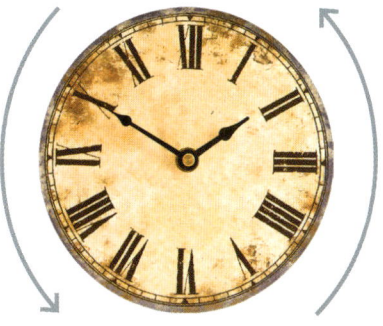

第6章　空間と時間　　129

⓺ 神々のパラドックス

問題

ある男がA地点からB地点まで1キロメートルほどの距離をひたすら歩いている。しかし、無数の神が待ち伏せし、前に進むごとに邪魔をしようと行く手に壁を造る。1人目の神は、全体の $\frac{1}{2}$ の地点より先に行かせまいと壁を造る。2人目の神は倍周到に、$\frac{1}{4}$ になったら壁を造る。3人目の神は、さらに倍周到に、たった $\frac{1}{8}$ 進んだところで壁を造る。n人目の神は、$\frac{1}{2^n}$ の地点に壁を造り、前進を阻もうとする。壁を造らなくても、男が旅を始められないことを示しなさい。

解き方

旅を始める男を想定し、矛盾を証明する。これによって男は旅を始められないことがわかる。壁を作る必要もなくなる。AとBの間の距離を、1.024キロメートル（2の10乗メートル）とするとわかりやすいだろう。

男が歩く距離は1歩1メートルとする（無限でなければどの長さでもよい）。1メートル＝$\frac{1.024}{2^{10}}$キロ、2メートル＝$\frac{1.024}{2^9}$とする。したがって9人目の神は、男がゴールに着く1メートル手前に壁を造っていなければならない。しかし彼はそこには着けない。10人目の神が9人目の倍慎重に、0.5メートル手前に壁を造っているからだ。だから、1メートル進むことができない。$\frac{1}{2}$メートル手前のところですでに行く手を阻まれているのだ。さらにこの地点ですら、彼はたどり着けない。その半分の地点に着く頃には、11人目の神が25センチのところで邪魔をするからだ。この繰り返しで、20人目の神は1センチ動く前に彼を止める。

一般化すると、男はAからBまでの何分の一の距離も動けない。なぜなら、その半分に達する手前で、神がすでに壁を造り、先に行くのを阻んでいるからだ。

とにかく歩き始めることができても、すでに足止めされている。だからスタートすらしていないのは明らかだ。たかだか1000メートルの道のりなのに、初めの一歩すら踏み出せていない。

しかし、さえぎるための壁を実際に造る必要がないのはなぜか。それは最初の壁が造られないからだ。ひとりの神が壁を造れば、どんな人間もその場で立ち止まる。それ以上の壁は意味がない。ほかの神がすでに壁を造っているならば、わざわざ新しい壁など造らないだろう。最初の壁がないことが示せれば、ほかの壁も造られないということになる。

最初の壁は造られるとする。もし、この仮説から矛盾を引き出すことができたら、最初の壁は造られないことの証明になる。A地点からB地点までの間の距離の$\frac{1}{2}$メートルのところに壁を造ったとする。この壁はm人目の神が造る。最初の壁であるから、そこまで男は進んでくる。A地点とこの壁の間に壁はなかった。その中間点は、スタートからゴールまでの$\frac{1}{2^m}+1$のところにある。しかし、そこには、m+1人目の神によって壁が造られている。m人目の倍慎重に、壁を造っているはずだ。これは最初の壁より手前にあることになり、ばかばかしい。したがって、最初の壁はありえない。もし最初の壁がなければ、ほかの壁もありえないことになる。

神々について考えると——神はみなこのように高度な推理力を持っている。1人目の神は、中間点で壁を造る必要はないことを知っている。2人目の神は、$\frac{1}{4}$の地点の壁は不要と知っている。同じく3人目の神も、壁はいらないと知っている。もし、n人目の神に男の前進を止めさせる必要がなければ、n+1人目の神にもその必要がない。壁を造らなければならない地点($\frac{1}{2^{n+1}}$のところ)に着く前に、n+2人目の神がすでに男の前進を妨げているので、神は安心していい。

こういうわけで、男は旅を始めることができない。どの神も男の進路を邪魔する必要がないのだ。神々は意図しただけで人間の行動を妨げることができる、とでもいうようだ。

もうひとつ別の問題もある。神が行動をしなければ、男が旅を始められない理由がない。そして、旅が始まったら、ゴールに到着できない理由もない。

解決策

この結果に不満だろうか。このパラドックスの幻想を引き起こした無数の不合理な前提について考えてみよう。壁を造るときになったら、神は時間内に完遂できると規定しなければならない。ところが、実際には、前に壁を造った神の半分しか時間がない。したがって、2倍の効率が必要である。壁を造るのに有限の時間は必要ない。壁は、すべての神に知れわたるのと同じくらい効率的に即時に造られる。神々は全能であろうが、このふざけたパラドックスでは神の不可能性こそが前提条件になっている。

第6章 空間と時間

第7章

不可能性

　本章で取り上げることはそもそも存在しない。しかしパラドックスを扱う本には、不可能性を扱う章が必要だ。まず、不可能めいたもの、錯視のパラドックスを見ることからスタートする。注意深く考えればすぐに解決できる。次に、本当に不可能なもの、いやむしろ不可能を描いたものを見て、その不可能な意図が何なのか考えよう。最後は数学的な必然について。あまりに奇妙で不可能に違いない、と思うだろう。

さまざまな不可能

「不可能である」という表現はほとんど矛盾をきたしている。もし何かが不可能であるならば、それは存在しているはずがない。不可能であることについて話のしようがないではないか？　不可能であるということはむしろ、必要な非・存在のひとつの形態である。不可能なことが存在しないのは、存在しえないからだ。不可能であることは一種の無である。不可能であることが無であるならば、すなわち何もないはずだ。

存在しないといえるのか

古くからある哲学的疑問に「穴は存在するのか否か」がある。穴は「何か」というより「無」であり、欠如、不在、不足と同じだが、その一方で1つ、2つと数えられる。つまり、多くの穴が存在しているということになる。たくさんの穴がある以上、穴は存在しないわけがない。

「不可能」はこの穴にとてもよく似ている。「不可能なこと」は文字どおりいえば、「無」かもしれないが、「不可能なこと」は数えられるし、驚くほどバラエティに富んでいる。

「不可能なこと」は想像できるだけでなく、発見されうる。例えば、物理学に「エネルギー保存の法則（エネルギーは自然に生じたり消えたりすることはない）」や「特殊相対性理論（光の速度よりも速く進むのは不可能）」がある。数学でも、ゲーデルが「完全な数学理論など不可能だ」と証明した。（63ページ参照）

だから、さまざまな「不可能なこと」を見分けることは可能である。また、無数の「不可能なこと」がある。不可能であることとは、必然的に多様である。いくつもの種類の不可能性が可能だということもできよう。そのいくつかを紹介する。

実際に不可能vs本来不可能

「実際に不可能」と「本来的に不可能」とは区別しやすい。今日実際に不可能なことが、例えば科学の進歩によって明日はあたりまえになるかもしれない。月へ行くのは、かつては不可能だった。しかし人類の知恵と強靭な意志、高額なコストと競争心が、可能に変えた。とはいえ、以前から論理的には可能だったのだが。

本章では、実際に障害があるという意味でなく、より難しい「不可能なこと」を取り上げる。「本来的に不可能」なこと、つまりどうあがいても達成不可能でそもそも存在しえないことについて考えていこう。

単体vs複合体

不可能なことはたいてい本来的に可能な部分から成り立っている。ただ、示されたやり方ではうまくいかないだけだ。例えば、自己矛盾は、提案と否定という逆の行動が同時にあるからつじつまが合わなくなる。それぞれは何の矛盾もないのだが、互いに

> ◆ **ウィトゲンシュタインからの質問**
>
> 「太陽では何時ですか？」この問いに答えるのは可能だろうか？「太陽では朝ですか？」「午前4時は、太陽では一日一度でないのですか？」「太陽上では午前4時より早いということが（単に）間違っているのなら、4時ではないのですか、4時より遅いのですか？」

排除しあうため、同時に両方は成り立たなくなる。「結婚している独身男性」がルール違反なのは、独身でありながら同時に結婚しているからだ。サテュロス、ケンタウルス、スフィンクスは不可能な怪物だが、部分部分を見るとどれも可能なものばかりだ。このように、複合体の不可能は、全体で見ると不可能だが部分は可能であるように思われる。

可能な部分から成り立たない、本来的に不可能なものはありえないのだろうか。少なくとも2つの可能なものが間違って組み立てられていないと、不可能なものは作れないのか。単体で不可能なことが可能かどうか疑問に思う人もいるに違いない。しかし、単体で不可能なことが単純に不可能なのであれば、ここでの議論が正しいことになるだろう。このように考えて頭が痛くなってきたところで、「単体の不可能は非常に複雑なので、ここではこれ以上考えないことにする」といわれたらきっとホッとするだろう。

無意味vs不可能

「無意味」と「不可能」とは、分けて考えるべきだ。「無意味」は、哲学の領域で、真でも偽でもない主張と定義される。これに対して「不可能」は、何であれ必ず偽であることをさす。

自分で決めてみよう。

「美徳とは三角形である」

「朝食とは社長になるための最初の食事のことだ」

おそらく賛成してくれるだろうが、上の文は真実ではない。とはいえ偽だと言い切れるだろうか。偽とみなすことは、本来値しない評価を与えることになるという哲学者もいる。上の文はカテゴリーの間違いを犯している。違和感がありすぎて、間違いとまでいわれるのだ。例えば、初めの文には領域（幾何学）を表す言葉と、それとはまったく違う領域（倫理学）を表す言葉が入っている。まさしく（真か偽かをはっきりいえない、という意味において）「意味がない」「無意味」な例文だ。

無意味寄りの立場に対して、こんな反論もあるだろう。上の文が偽だとして、それは偶然によるものではない、と。必然的に偽なのであって、だから不可能となる。「不可能」と「無意味」をこのように区別しようとすると、「美徳とは三角形である」が真であるためには「不可能」という主張を受け入れざるをえない。区別自体が意味を持たなくなり、無意味であることは単に「意味の不可能性」とみなされる。

推移性に関する違反

　ある女性が、仕事でやむをえずボストンに滞在していて、クリーブランドの家や家族を恋しがっている。ホームシックにかかって、ため息をつきながら、「今ボストンにいないなら、クリーブランドにいるのに」という。真実をいっていると思っていい。そして、別の人物が次のようにいうとしても、それもまた真実であろう。「今アラスカにいないなら、ボストンにいるのに」。

　無害な言葉同士の組み合わせが、見たところ疑う余地のない原理によって、不可能な結論に至る。「推移性」というその原理は、議論として有効な形をとる。つまり、2つの前提が真実であるならば、結論も真実でなければならない。

　自分でチェックしてみよう。

もしAならば、Bである。
もしBならば、Cである。
したがって、もしAならばCである。

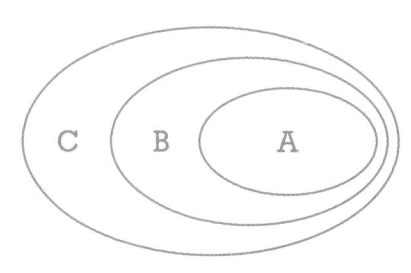

　しかし、このように置き換えていくと、寂しがり屋の旅行者は、「もし、今アラスカにいないなら、クリーブランドにいるのに」と、主張することになってしまう。

　議論として有効な形である真実の前提から、このような地理学的ナンセンスがどうして論理的に引き出せるのか？　推移性の原理が間違っているというだろうか。

　もちろん、推移性そのものは正しいが、使い方が間違っている。推移性では、B節（ボストンにいない）は両方の前提で同じことを意味する。ところが、この場合は当てはまらない。この文に推移性の原理をただ当てはめようとするのでなく、もっと精緻に分析する必要がある、と私たちは直感的に理解している。

生物学的不可能性？

　推移性がおかしなことになる例をもうひとつ示そう。

　まず、大雑把ではあるが種の定義から。2つの個体が異種交配できるものを1つの種であるとする。

　ある種の魚が、湖に生息しているとする。壊滅的な気候不順により、湖が干上がった。ひとつの大きな湖はなくなって5つの小さい湖に分かれ、各湖におよそ$\frac{1}{5}$ずつの魚が生息することになった。時がたち、魚はそれぞれ独立して進化をとげた。私たちの定義によれば、この時点で「異なる種が進化した」ことになる。

　ここで生物学者が現れ、それぞれの湖から標本を持って帰った。研究室に戻って、

種類の異なる魚を同じタンクに入れる。実験を通して以下のことが観察された。

グループAは、グループBと異種交配することができる。
グループBは、グループCと異種交配することができる。
グループCは、グループDと異種交配することができる。
グループDは、グループEと異種交配することができる。
グループEは、グループAと異種交配することができない。

推移性を当てはめて、「もし、グループAがグループBと異種交配できて、グループBがグループCと異種交配できるなら、グループAはグループCと異種交配できる」ということができる。さらに数回、このように推移性を適用していくと、グループAはグループEと異種交配できるという結論に到達するが、これは「グループEはグループAと異種交配することができない」という観察結果と矛盾する。

違う種類になったのは、物理的障壁によってではなく時間の経過が原因であると考えると、別の言い方もできる。今日生きている人は、原理上、過去1000年の人と子どもを作ることができる。同様に、1000年前に生きた人は、さらに1000年前の人と子どもを作ることができる。これに推移性を使うと、人類が別の種から生まれたわけではない、と証明できそうだ。

直感的に私たちはそうではないことを知っている。でも、どこか間違っているのだろう。種についての定義が誤っているのだろうか。観察された事実は、生物学的に不可能なのか？ 推移性の原理に価値がないのだろうか。

ここに挙げた主張は種の進化を否定する演繹的な議論なのか？ 確かに、一言でいえばそういうことになる。

実際にわかるのは、選んだ定義が進化と矛盾する、ということだ。直感的には魅力があるが、この定義はせいぜい手短な真実を抽象化したものにすぎない。実際には、「別々の種類」というより（進化の木の小枝のように）「個々の種類」に近い。

第7章 不可能性

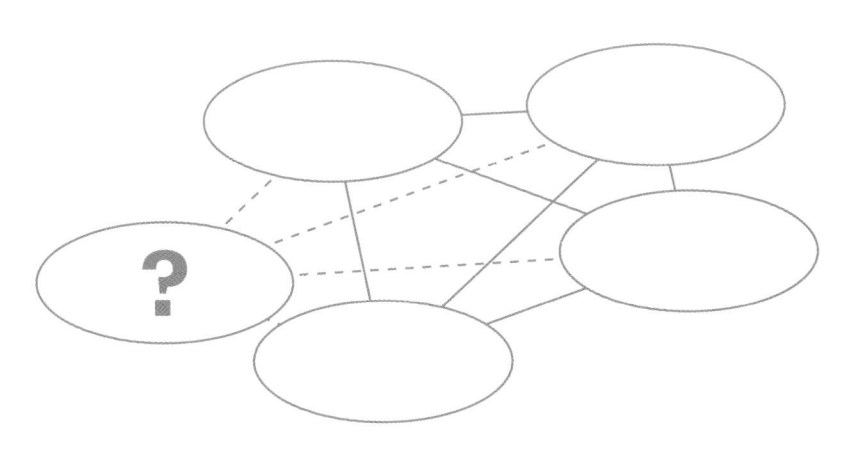

不可能なもの

　不可能なことは想像できない、と考えてもしかたないだろう。しかし、存在できないことは考えられない、あるいは想像できないことと違う。不可能なものはありえないが、場合によっては想像できる。不可能なことを想像する能力には限界があるが、不可能なものの描写はかなり助けになる。不可能なことがさまざまな方法で表現可能なこともわかってくる。どんなことが見えてくるか、驚かされるばかりだ。

いくつかの可能な図形 ─────●

　下の建造物は物理的に造ることができないが、それでもやはり魅力的だ。不可能なことは描写でき、不調和も快く感じられる。ここに挙げた不可能な図形は、スウェーデンのアーティスト、オスカー・ロイテルスバルトが考え出した。これはトライバー(後に個々に再発見したライオネルとロジャー・ペンローズにちなんでペンローズの三角形と呼ばれる)の変形である。

　各々の角は空間的につじつまがあうが、全体として見ると矛盾している。それぞれの角は違う視点から見ているように示されている。全体として統一されていない。その結果、構造的に不可能である。私たちが暮らす三次元の世界では存在できない。

　科学者リチャード・L・グレゴリーは、不可能な図形と不可能な物体を区別すべきだといった。彼によれば、ペンローズの三角形は不可能な図形であるが、不可能な物体ではない。見方によれば、トライバーのように見える三次元の物体も存在する、というのが理由である。

　下のイラストをご覧いただきたい。初めペンローズの三角形のように見えるが、視点を順に移していくと、違ってくる。

ここに描かれた物体は実際に組み立てられ、あたかも「不可能は実在する」と傲慢にいうかのようにパブリックアートとして展示された。単なる図面ではないからこそ錯覚を起こさせる効果はいっそう強い。そのような物体をある視点から眺めると、存在する空間を犯しているかに思えてくる。

グレゴリーとは違って、ペンローズの三角形は、正しくは可能な図形であるというべきだ。それは発明されたということからはっきりとわかる。図形が発明されたということは、可能性が発見されたということだ。しかし、図形が表すものは、三次元の世界に存在できない不可能な物体である。視覚のトリックでごまかされるかもしれないが、これは正しい。

（見方によっては）トライバーに見える三次元の物体があるからといって、トライバーが可能な物体となるわけではない。せいぜい、これまで予想されなかった曖昧性や多義性が語られるくらいだろう。これら三次元の物体が示すのは、ペンローズの三角形はただ二次元的表現によるのでなく、見方による錯視だということである。

可能なトライバー？

トライバーで巧妙な錯視が示されても、トライバーが可能となるわけではない。トライバーは可能な図形だが、物体としては不可能だ。しかし、少し注意しておこう。トライバーのような不可能な物体は、三次元空間には存在できないが、アニメを作ることは可能だ。アニメ化するには、コンピュータ上で三次元モデルを作るだけでなく、図形を回転させたり視点を変えたりしながらモデルを変化させる必要がある。こうして初めて錯視は保たれる。

悪魔のフォーク

グレゴリーによれば、下のイラスト（「悪魔のフォーク」という呼び名で知られる）は、正真正銘不可能な物体だ。これに対して、「正真正銘不可能な物体の描写にすぎない」というに違いない。図形の上半分を隠したり下半分を隠したりすると、錯視の効果が高まる。

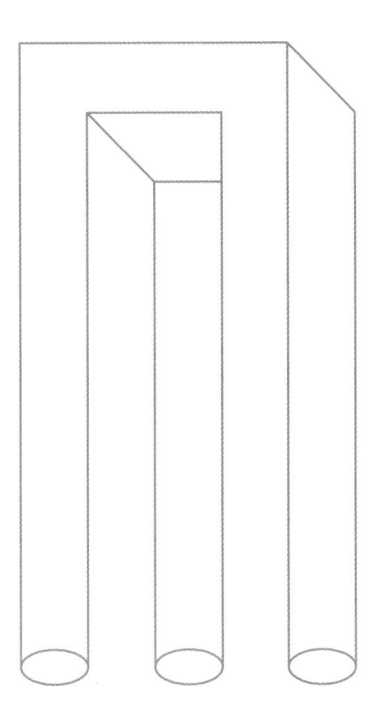

二度見

　ステレオスコープはおなじみだろう。この装置を使うと三次元の映像を眺めているような気になる。映し出される2つの絵が少し異なると、脳内で二次元の絵が融合し、三次元の経験を作り出す。この映像の混同は、網膜上の像から得た情報に基づいて、無意識に推測したためだと考えられる。三次元の視覚的経験は推測である。

　ここに面白い不可能がある。融合できないものを融合しようというのだ！　ボール紙でできた筒を2本用意する（ペーパータオルの芯を半分にすればいい）。双眼鏡のような形になるよう2本の筒を並べてつける。それぞれの筒の縁にまったく違う画像を張りつけたら、筒を覗いて、目を休めよう。

　画像がそれぞれ別個に見え、融合していないとしたら、どういうことだろう？　これは「視野闘争」として知られる現象である。両目に映った画像が重なって1枚に融合するのでなく、画像が押しのけあい、一方の画像が優勢になる。片方が見えるときはわずかな間もう一方は見えなくなる。そのうち一方の画像だけが残り、もう片方は完全に消えてしまう。両目が開いているのに、1つの画像しか見えなくなるのだ。見えなくなった画像はどうなったのか？　少し経つと、消えた画像が再び見え始め、初めに見えていた画像と入れ替わる。今度は初めの画像が消えていく。しばらく見続けていると、画像は交互に映るようになる。2つの画像があなたの注意をひこうと競っているかのようだ。

　どうしてこんなことが起きるのだろう。各々の目はまったく異なる画像を受け取っている。また、どちらも見えている。画像はそれぞれ脳の視覚野の関連領域に働きかける。ただし処理のレベルはさまざまだ。2つの画像が融合されない以上、自分が何を見ているのかという2つの仮説が争っているようなものだ。一方の仮説が勝ち、画像の処理力は増す。他方、その仮説を覆すようなもう一方からの画像からの証拠は抑え込まれる。しかしその抑え込まれた証拠もなくなるわけではなく、最初の仮説に疑いをつきつけ、ついには別の推論が立てられる。こうして、いったん見えなくなった画像も日の目を見る。この競争関係がずっと続くのだ。

> ### 実際に体験しよう
>
> **パート1**　固いワイヤーで立方体を作り棒に取り付ける。部屋を暗くして懐中電灯で壁を照らすと、ワイヤーの影が映る。この立方体を回転させると、どんなふうに見えるだろうか？
>
> **パート2**　ワイヤーの立方体を蛍光色に塗ると、暗闇で光る。真っ暗な部屋でもよく見える。手で持ってみよう。手にしている感覚と目で見る感覚は正反対。奇妙な経験ができるはずだ。

両方であるはずがない！

　同様の競争は両義図形でも起きる。1つの絵でありながら多義的で2つの相反する解釈が可能な図形のことだ。左ページの下に、「アヒルとウサギ」という有名な例を挙げた。アヒルでありかつウサギであることは不可能である。アヒルに見えたりウサギに見えたり、不安定なままだ。

　これより単純な例に、ネッカーの立方体（下にある左側の2つ）がある。立方体自体が前へ後ろへと動き、奥行があるように見えたり、手前に飛び出しているように見えたりする。両方の解釈を同時におこなうことは不可能で、そのため見え方は一定せずころころ変わる。認識の誤りを防ごうとして、脳は別の解釈を探す。それらしい解釈が見つかると、今度はその新しい解釈が優勢になるのである。

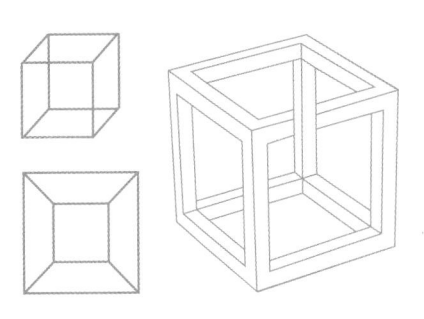

　左下の2つの図形は両義図形で、相反する解釈が可能で、その2つの解釈が常に競っている。ネッカーの立方体のバリエーションであるが、ひとつはページから突き出しているように見えたり、くいこんでいるように見えたりする。もうひとつは、線遠近法で描かれた立方体にも見えるし、先端を切ったピラミッドにも見える。一方、その右側の図形は、本来的に不可能な、現実の空間に存在できない物体を表している。「存在できない」とわかっているにもかかわらず不可能な物体が存在する、ということがわかる。これら物体の構造を、つじつまが合うように説明することはできない。空間的に特異で、ルール違反である。

見ることは信じないこと

　生後4カ月の赤ちゃんでさえ、こうした図形のように奥行や構造が不自然でつじつまがあわないものに感づくといわれている。一方の大人は、可能な物体であれば、ある脳信号が過去に認知したものに関連づけられるが、複雑で不可能な物体であればそうはいかない。仮説では、この信号を発生する脳の領域が、物体の三次元的構造の表象を左右していると考えられる。

第7章　不可能性

神の不可能性

すべての真実を知る全知の存在がいるとする。では考えてみよう。「この主張が真実であることは、誰にも知られていない」。もしこの文が偽であれば、全知の存在にも知られていないかもしれない。しかし、「この主張は知られていない」ことが偽であれば、この主張は当然知られていて、したがって真実であることになる。だから、この主張が偽であるはずがない。

上の定義によると、全知の存在なら主張が真実だと知っていることになる。しかし、これは主張と矛盾する！ 誰も真実を知らないことになる。そもそも全知の存在は存在しないか、全知がすべての真実というわけではないか、どちらかだ！

石のパラドックス

神はみずから持ち上げられないくらい重い石をお作りになれるか。イエスと答えたら、神にできないことがある（石を持ち上げることはできない）と暗に示すことになる。ノーと答えても同様に、神にできないことがある（この石を作ること）と暗に示すことになる。どちらの場合でも、神にできないことがある。つまり、神にとって不可能なことがある——となると、神は全能の存在であるという前提がおかしくなる。神は全能だという前提は、この石の話を考えあわせると、論理的矛盾をきたすように思える。

このパラドックスに対して、信者の側ではいくつかの考え方がある。神はそのような石をお作りになれないという結論は認めるものの、だからといって「神の無限の力に限界がある」という主張は否定する信者もいる。例えば、こんな主張である。「もし神がこの石をお作りになれるとしたら、論理的に矛盾する。だからお作りになれないだろう。しかしそんな不可能が成し遂げられないなんて、どうでもいい。そもそも不可能が成し遂げられたなら、本当には不可能でないことになる」。

もうひとつの考えも同様で、神は自分で持ち上げられない石を作ることはできない、と認めている。しかしまったく違う議論で、神にできないことは何もないということを示している。重さでいえば、神はどんな重さの石もお作りになれる。そしてどんな重さの石も持ち上げられる。これだけで神の全能を示すには十分だというのだ。

以上のことから、神が石を作り、持ち上げることに限界はない。神に作れて持ち上げられない石もない。したがって、神はみずからお作りになれるどんな石でも持ち上げられることになる。

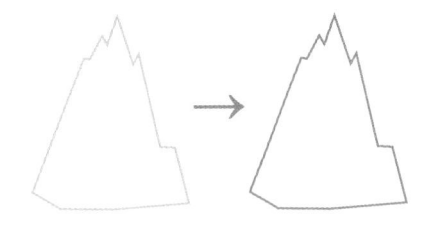

ところが別の言い方をすれば、「神は持ち上げられない石をお作りになれない」。もし神が持ち上げられない石をお作りになれたら、全能でなくなってしまう。しかし、もし持ち上げられない石をお作りになれないならば、これは神の無限の能力のおかげであり、矛盾しない。

この解決は素晴らしいが、「無限の重量」がそもそも矛盾しているという問題がある。無限の質量と無限の重力というのは物理学的矛盾であって、神に責任はない。いずれにしても、信者にとってより根源的な選択肢があるだろう。

奇跡か矛盾か

イエスはいった。「金持ちが神の国に入るよりも、らくだが針の穴を通る方がまだ易しい」。弟子たちはこれを聞いて非常に驚き、「それでは、だれが救われるのだろうか」と言った。イエスは彼らを見つめて、「それは人間にできることではないが、神は何でもできる」と言われた。（マタイによる福音書19：24-26）

ラクダが針の穴を通るなんて、物理的に不可能である。もちろん「物理法則に反するくらいの奇跡がなければそんなことは起こりえない」という意味だ。聞いた者は驚くだろうが、論理的不可能や言葉の矛盾ではない。

しかし、自己矛盾は究極の奇跡かもしれない。信仰が最も試されるのは、不条理を信じなければならないときだ。

信者はさらにこう尋ねる。神は論理的に可能かどうかに縛られるのか？　それとも論理的自己矛盾の範疇さえ神の領域に含まれるのだろうか。すべてのことが可能ならば、不可能も可能になるはずだ。不可能なことがないのなら、やはり不可能は可能になるのではないか。

不可能性の中の信念

ルネ・デカルトはこう考えた。「数学における真理は……神によってつくられ、神によって決まる。ほかの創造物がすべてそうであるように。……もし、神がこれらの真理をつくったのなら、変えることができる、といえるだろう。王が国のおきてを変えるように。……一般に言って、神は私たちが理解できることなら何でもおできになる、と確信できるが、私たちに理解できないことはおできにならない、とは言えない。私たちの想像力が神と同じくらい広げられるなどと、思いあがりだ」（デカルトからメルセンヌへの手紙：1630年8月15日付）

重要な場面でイエスは、信仰が足りないために奇跡を起こせなかった弟子たちをこう戒めた。「もし、からし種一粒ほどの信仰があれば、この山に向かって、『ここから、あそこに移れ』と命じても、そのとおりになる。あなたがたにできないことは何もない」（マタイによる福音書17：20-21）。たとえ人間であっても、十分な信仰があれば不可能なことはない、という。まさに信じられないことを信じるとき、信仰が本当に試される。

豆と太陽

　信じる、信じないは別として、ボールを5つの部分にばらばらにし(ひとつは中心点になる)、それを平行・回転移動させる——各部分が伸びたり変形したりしないように、精密に動かす——と、元のボールと同じ大きさの球体が2つできる。

　あるいはボールを5つに分けて、きっちり平行・回転移動させ、好きな大きさのボールに作り直すこともできる。豆くらいの大きさのボールをバラバラにして、太陽の大きさの球に組み立て直すこともできる。

　こんなおかしな話、真実のはずがあるだろうか。確かにそうなのだ。幾何学理論上の話ではあるけれど。1920年代に証明してみせたポーランドの数学者ステファン・バナッハとアルフレト・タルスキの名をとって、バナッハ-タルスキのパラドックスとして知られる。

　これがパラドックスとして知られるのは、直感に反するからであり、純粋のパラドックスではない。誤りであるどころか、数学の一般的な原理から推論できる真実である。

立体の幻想 ●

　パラドックスに見えるのは、球体について一般に普及している考えのせいでもある。偉大な哲学者ジョン・ロックでさえ、立体という概念から中身という概念を取り除くことは難しかった。空間は空っぽかもしれないが、空間に存在する物体は固体だ。だから、ある物体があるところに同時にほかの物体が存在することはありえない、と彼は考えた。物理学者ジェームズ・ジーンズによって提示された謎が一般に考えられるようになったのは、比較的最近のことだ。彼によれば、壁やテーブルのような日常的な固体の物質は原子から作られる。すると、原子は順に空っぽの空間になる。日常的な物体はほとんど空っぽの空間である。この議論は「物体とはそれが占める空間のことではない」という明白な指摘をすることで覆せるだろう。

　皮肉なことだが、本当の意味で固体であるのは数学的な固体のみである。理論上、質量を持たない。数学のボールは、幾何学的空間の球体だ。球状の空間領域を作りあげる点が集まってできている。幾何学的空間は、実数座標点で示される点からできていると考えられる。座標軸が実数に対応する点からできているように、三次元空間も3つの実数で表される(空間で座標を用いて表せる)。ボールは、空間にある点の無限集合であり、ボールの部分はその部分集合である。ボールを作るのに必要な部分集合はバラバラな(重なるところがない)部分集合で、集まって元の球を作りあげる。

　この部分集合は通常とは違い、私たちが現実に豆やボールをスライスしてできる部分とは異なる。太陽をスライスしたのとも

違うだろう。質量のあるものを分解したものではない。数学の球体は質量を持たないのだから。点の集まりのように、ボールの部分集合は体積すらもたない。だから、体積の異なる固体に作り直すことができるのだ。ここでは、バナッハ・タルスキが切り分けるボールの部分集合は大きさを持たないといわれる。

それではどのように示されるのだろうか？ ここで証明するのは難しいが、おおまかな考え方を話しておこう。まずバナッハとタルスキは定理を証明するのに、フェリックス・ハウスドルフの定理を一般化した。ハウスドルフはユダヤ系ドイツ人数学者で、ナチスの迫害に遭って1942年に自殺した。ハウスドルフの定理によると、球面（すなわち数学のボールの表面）を、元と同じ大きさの球面2つに等分解できる。つまり、中が空洞の球面を切りきざんで再びつなぎ合わせると、元と同じ球面が2つできることになる。バナッハとタルスキは、球面を入れ子状態（玉ねぎがいくつもの層からできているのと同じ）と考え、これを固体に当てはめた。この短い要約では、球面が2倍になる理由の説明にならないが、少なくとも考え方のヒントはわかるのではないだろうか。

言葉の暴挙

元と同じ辞書2冊に等分解できる、特別な辞書を例に考えてみよう。1冊の辞書がある。例えばAとB二つの文字でつづられる、有限の長さの単語をすべて載せている。AとBが並ぶ文字の列はすべておさめられ、アルファベットの順に並んでいる。言葉の長さは有限だが、可能な単語の数は無限だ。あまりに数が多いため、当初1巻におさめる予定が、2巻本になった。第1巻はAで始まる言葉がすべて載っている。第2巻はBで始まる言葉が全部。それぞれの辞書は、単語すべてが同じアルファベットで始まるので、繰り返しは無駄だと考えられた。したがって、第1巻の単語の頭文字A、第2巻の単語の頭文字Bは、再版では省かれた。

パラドックス的な結果となった。見出し語がまったく同じで、中身の同じ2巻本ができてしまった。最初の1巻本とまったく同じだ。このような奇妙な2倍もハウスドルフの結果に関わっている。ただし、球面の回転運動と関わりのある場合は違うが。

針の穴を通るラクダに当てはめると

もし、豆の大きさのボールをバラバラに分割して、それを太陽の大きさのボールに作り直すことができるなら、ラクダの大きさの空間領域をバラバラにして、針の穴を通るのに十分な小ささのラクダに作り直すのは、奇跡にも思わなくなるだろう。奇跡というには物理法則に反しなければならないが、バナッハ・タルスキの理論は一種の数学的法則である。必要性を除外するのでなく、必要性の表現なのである。

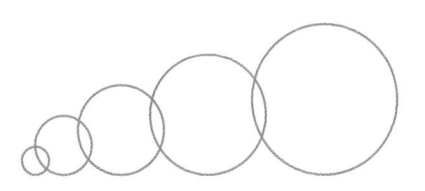

第7章　不可能性

練習問題 7　毒薬のパラドックス

問題

　パラドックスが好きでたまらない億万長者がこんな提案をしてきたとしよう。提案の文言は一流の法律家、専門家によって立証済である。「今日深夜０時にしかるべき意思を固めさえすれば、100万ドルをさしあげます。翌日正午にある行動をしよう、と決めてください。決めたことを明日の正午に実行する必要はありません。ただこの提案を受けて——ほかの理由ではなく——『翌日の昼にやる』と真夜中に決めるだけです。翌日のお昼に実際それをするつもりかどうかは最新技術で脳をスキャンすれば明らかです」。

　しなければならない行動とは、ある毒薬を飲むことである。24時間苦しい思いをしなければならないが、その後は回復し副作用もない。100万ドルを手にするには、今日の深夜０時に、毒薬を飲む決意をしなければならない。そのように意思を固めるのは不可能であることを証明してほしい。

解き方

　うまくやれそうな気がする。意思を固めるだけならこんな簡単なことはない。しかもこの場合のようにすっかりリラックスした状態ならなおのことだ。100万ドルがなければ、好き好んで毒薬を進む人間はいないだろう。毒薬を飲んで体がつらくても、それを避けるよりは100万ドル手に入るほうがありがたい。意思を固めることは簡単で好ましいことであり、さらにあとで実行しなくても罰はなく、それなら一日しんどい思いをしなくてすむと考えあわせれば、用心深い人なら「毒薬を飲むといったん決めて、あとでやめよう」と思うだろう。行為を完遂することは実際必要でないのだから、こう考えるのもなかなか正直である。

　しかしここで問題が発生する。明日の正

午に毒薬を飲むと決めるならば、すなわちあとで飲むのをやめようと決めてはいけない。ひとつのことを「しよう」と決め、同時に「しない」と決めることはできない。実際には飲まないつもりだとあらかじめわかっているならば、飲むと決めることはできない。もちろん「決めたふり」はできるだろう。「あとで飲みます」とただ「言う」こともできる。しかしこれは意味がない。最新技術で脳を調べられたら、嘘がわかってしまう。

このように、あとで「しない」つもりのことを「しよう」と決めることはできない。こう考えると、100万ドルは億万長者の手にしっかり握られたままだ。

金を手に入れようと、さまざまな策略を考えるだろう。例えば、必要でないならば毒薬を飲まないことは無視して、毒薬を飲む意志力を鍛えようとする人もいるだろう。毒薬を飲んでからの苦しさでなく、手に入るお金のことを考えよう、というのだが、これは一種の自己欺瞞だ。おそらくそうだろうとよくわかっているのに「違う」と思いこもうとする。しかしある意図を決めたと思いこむのは、そう見えるにすぎず、それでは意味がない。実際には「しない」ことを「するつもりだ」と自分を言い聞かせるだけではだめなのだ。本当のところ、その意思を持っていなければならない。本当は違うのに自分で思いこんではいけない。そんな嘘はすぐわかってしまう。

これに関連して、自己欺瞞のパラドックスというのがある。「自分をだまそう」とわかっていながら自分で自分をだますなど、できるわけがない。

他人をだまそうとするならば、相手が「だまされている」と知らないことが必要である。自分をだますならば、やはり「だまされている」と知らないことが必要だが、それはありえない。そのだましの計画は自分で立てたもので、知らないはずがないのだから。

こんなやり方もある。どうしてもせざるをえないような状況を作れば、深夜0時に毒薬を飲む意思を固めることもできるだろう。例えば、明日の正午に毒薬を飲まない場合1000万ドル支払うという法的書類にサインする。書類を書いたからといってどうしてもそうしなければならないわけではないにせよ、指定の時間に毒薬を飲まなければというかなりのインセンティブにはなる。しかし最初の提案では、毒薬を飲むのは億万長者の提案を受けてであり、ほかの理由があってはならないとされている。条件を追加する方法は外さなければならない。

解決策

このパラドックスを考えたのは、グレゴリー・カフカである。彼が導き出した結論は、「欲しいものが何であれ、意図することはできない」「意図は必ずしも意思的ではない」「意図は行動の理由によって強制される」。同じように、自分が求めるものが何であれ信じることはできない。信念は実際に信じる理由によって強制され、気まぐれなものではありえない。

意図は主観的で個人的にも思えるが、内側での決定だけではなく、外的な行動でもある。意図は行動のひとつの要素である。心の中だけのことでなく、社会的空間および共有される世界で起こるものなのだ。

第8章

決意と行動

　本書で取り上げたパラドックスの多くは、理論やフィクション、興味深い数学的事実に基づいている。日常生活で、現実に不可能な対象物にぶつかる、なんてことはめったにない。しかし意思決定と行動を迷わせるパラドックスは無数にある。中には、ゲーム理論といったまったく新しい研究分野を生み出したものもある。ここでは日常起こりうるパラドックスを見ていこう。道徳的な運や責任の問題、動機、選択、認識、交渉、幸福に関わるパラドックスである。

ビュリダンのロバ

このパラドックスは中世の哲学者・科学者のジャン・ビュリダン（1295～1358年）に由来するとされる。しかし、ライバルの哲学者が、ビュリダンの思想を風刺するために考え出した、というほうがもっともらしい。

決定論と運命論

パラドックスそのものについて考察する前に、2つの言葉について定義しておこう。

- 決定論とは、あらゆる出来事は先行する出来事と切れ目のない鎖で繋がっており、それによって決定されるという哲学的教義である。
- 運命論とは、すべての出来事は決められており、人間は未来に対して何の影響力も持っていないという説である。

ビュリダンのロバ

右方向と左方向にそれぞれ同じ大きさ、同じくらいおいしそうな干し草の山がある。その中間に、お腹を空かせたロバが立っている。ロバはどちらが好ましいかを決めることができず、どちらも選べないまま、飢え死にしてしまう。

初めは、これがパラドックスであるようには思えない。しかし、ビュリダンの自由意志という観点からロバの苦境を考察してみると、パラドックスが見えてくる。

ビュリダンは一種の道徳的決定論を支持していた。それによると、人間は2つの相反する選択肢に直面した場合、常により良いほうを選ばなければならないという。意志は知性と別個には働かない。むしろ、知性が最も望ましいと判断した選択肢を選ぶに違いない。

つまり、同様に望ましい2つの選択肢があったとして、どちらを選ぶべきかを知性で判断するとすれば、選ぶことができないということだ。意志とは独立して働くわけではないし、何か自発的もしくは無作為に選択する力を持つわけでもない。

したがって、空腹のロバのパラドックスは、知性と意志に関するビュリダンの主張に反対する背理であるともいえる。ビュリダンによれば、私たちが似たような状況に置かれると、あのロバのように飢え死にすることになる。しかし、これはおかしい。実際、私たちはどちらかを選択するからだ。

運命論への挑戦

もし、選択や行動がすべて必然的に決められており、どちらか一方に心が傾く理由が何もないとしたら、どうして選択することができるのか。運命論で考えると、選択できないことになる。しかし現実には、間違いなくどちらかを選択するはずだ。違うだろうか？

ビュリダンの橋

ソクラテスは橋を渡って川を越えようと思った。橋の番人であるプラトンは、ソクラテスにこういった。「次におっしゃることが真実ならば、橋を渡っていただきます。もし嘘だとしたら、川に落としますよ」。ソクラテスは少しの間考えてから、いたずらっぽく答えた。「あなたは私を川に落とすでしょう」。

さて、プラトンは自分の言葉どおり実行できるだろうか。

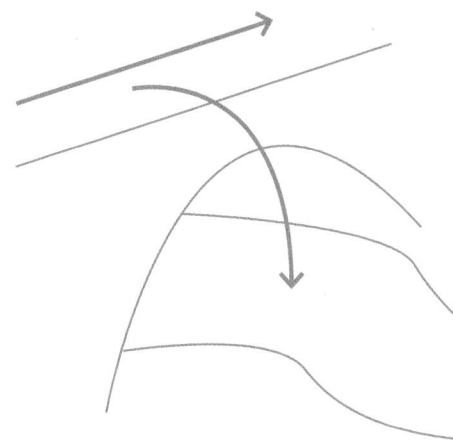

●解答

否。プラトンは自分の言葉どおりに行動できない。ソクラテスを川に落とせば、ソクラテスは真実をいったことになり、橋を渡ることを許可するべきだった。ソクラテスに橋を渡ることを許可すれば、ソクラテスは嘘をいったことになるので、川に落とすべきだったことになる。

クリュシッポスのワニ

ある女性が赤ちゃんを抱いて川沿いを歩いている。川にいたワニが水中から出てきて、女性の腕から赤ちゃんを奪い取った。ワニはこういった。「赤ん坊は無傷で返してやる。ただし、この質問に正解すればだ。『私はこの赤ん坊に何をするつもりだろうか』」。

女性は何と答えればよいだろうか。

●解答

「自分のものにするつもりでしょう」と答える。そうすれば、ワニが赤ちゃんを自分のものにしようとしている場合、赤ちゃんを返さなければならなくなる。

第8章　決意と行動

知識と自由意志

バートランド・ラッセルは『哲学の方法』の第1章「合理的推測の方法」において、堕落に関する聖書の記述について辛辣に書いている。「神は（アダムとイヴに）件の木の果実を食べてはならないといった。それにもかかわらずアダムとイヴが果実を食べると、神は激怒した。彼らが背くであろうことはすでにわかっていたというのに」。ラッセルは核心を突いている。全知の神が、失敗するであろうことを知りながら人類を試し、人類の失敗に怒るとは、妙な話ではないか。

予知と自由意志

しかし、さらに問題は深い。「アダムとイヴは禁断の果実を食べるだろう」と神が間違いなく知っていたとしたら、2人はそれ以外に行動しようがないではないか。アダムとイヴが誘惑に打ち勝ってしまったら、全知の神ではなくなってしまう。

より一般的にいうと、神があらゆる人間の行動を確実に予知するならば、自由意志はありえない。なぜ自由意志はありえないのか。神が未来を知っているならば、未来はすでに決定している。未来が決定しているならば、誰も未来をコントロールできない。誰も未来をコントロールできないのであれば、自由意志は幻想である。

逆に、我々人間が自由意志を持つならば、神はどのように我々の未来の行動を予知するのか。決定論的な法則では予知できないはずだ。そうすると我々の意思は自由ではなくなってしまうから。しかしそれならばどのように予知するのか。100パーセント任意でおこなう選択を、誰が——神も例外ではない——予知することができよう。

どうやらこのどちらからしい。神は未来を知っており、自由意志は存在しない。あるいは、自由意志は存在し、神は未来を知らない。「神は未来をご存じで、人間は自由意志を持っている」と両方を主張しようとすれば、ジレンマにぶつかる。

アウグスティヌスかキケロか

キリスト教の司教で哲学者でもあるヒッポのアウグスティヌス（354～430年）は、『神の国』第5巻において、この問題に取り組んだ。彼は「信仰を持つものは、神への信頼によって、両者を選択し、認め、支持する」と考えた。もちろん、予知と自由意志という2つをともに支持することの難しさには気づいていた。このことは、ローマ時代の政治家・哲学者キケロ（紀元前106～43年）によって明確に述べられている。

キケロの議論はつまりこういうことだ。あらゆる未来の物事が神に予知されているならば、物事には一定の秩序があり、その秩序を神は予知している。そして、物事に一定の秩序が存在するならば、物事が起こる原因にも一定の秩序があるはずだ。しかし、あらゆる物事が一定の秩序にしたがって起こるならば、あらゆる物事は必然的に

起こる。したがって「我々には何もコントロールできない。意思の自由などは存在しない」のである。

アウグスティヌスはこれに対して非常に興味深い反応を示した。予知可能な未来を間違いなく引き起こす原因には一定の秩序があると認めるものの、これが人間の自由意志をおびやかすという点を否定したのである。なぜなら「我々の意思、それ自体が原因の秩序に含まれている」からだ。

アウグスティヌスのいわんとすることは、つまりこうだ。選択をするときは常に、次の2つの要因によって決められる。外部状況と内部での意思の働きである。しかし、神はその両方を完全に把握しているため、私たち人間の行動を間違いなく予知できる。

だからといって、行動の自由がないという意味ではない。私たちは自分の意思を働かせている。アウグスティヌスによれば、神が予知することと、人間が自由意志を持つことは、まったくもって両立する。一方を認めれば一方が成り立たない、などということはないのである。

> ### 考えてみよう
>
> アウグスティヌスもキケロも、神の予知というからには、神が未来の行動と出来事を予測しなければならない、と考えた。一方で、神が未来を予測する必要はなく、単に未来を知覚するだけだという人もいる。どうしてか？ 神は時間の流れの外側にいる。過去も現在も未来も、神にとっては区別がない。神はすべてお見通しである。
> - この説によって「神の予知」と「人間の自由」は両立しやすくなるだろうか？
> - 126～127ページの「ブロック宇宙」について読んでみよう。神が未来の行動や出来事を把握するには予測する必要がない、という考えがわかりやすくなっただろうか？

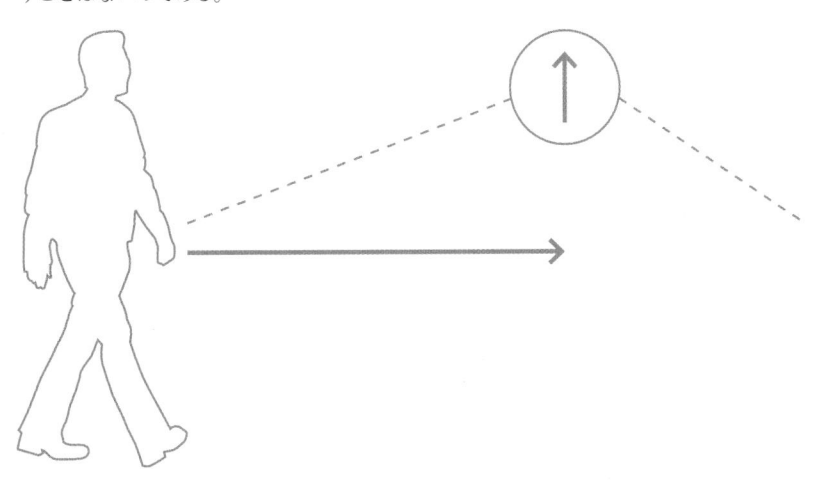

第8章 決意と行動

予言者

ここに紹介する美しくも悩ましい、イライラがつのるパズルは1960年アメリカの物理学者ウィリアム・A・ニューカムが考えた。後に哲学者ロバート・ノージックによって広められ、ニューカムのパラドックスという名前で知られている。

どちらの箱を開けるか

目の前にAとB2つの箱がある。中身は見えないが、「Aには1000ドル入っている。Bには100万ドルかゼロかどちらかが入っている」という。

あなたに与えられた選択肢は「AとB両方開けて中身をもらう」あるいは「Bだけ開けて中身をもらう」どちらか。ここまでなら、あえて考える必要もない。しかし、手を伸ばそうとした瞬間、「ただし」という声がかかる。

予言者

箱には「予言者」が予言にそってあらかじめ何かを入れている。予言者が何者かはこのさい問題ではない。ある種の神のような存在でもいいし、コンピュータでも妖精でも、何でもいい。重要なのは、あなたの決定についてきわめて正確な予言ができるということだ。

予言者が箱に入れるルールは以下の通り。あなたがBだけを開けると予言すれば、中に100万ドルを入れる。両方を開けると予想すれば、Bを空にする。いずれの場合も、Aには1000ドルを入れる。あなたは両方の箱を開けるだろうか。それともBだけを開けるか。考えを決めてから先に進んでほしい。

1つの箱か2つの箱か

ロバート・ノージックはこの問題を友人、同僚、学生に投げかけてみた。ほぼ全員が完璧に理解していたにもかかわらず、「ほぼ同数ずつに分かれた。しかも多くの人たちは相手側の意見をばからしいと思っていた」という。

つまり、世の中は「1つの箱」派と「2つの箱」派、2つのタイプに分かれるということだ。それぞれの議論を見てみよう。

1つの箱派の言い分はこうだ。もし両方の箱を開けるなら、あらかじめ正しく予想している予言者は、Bを空にしておくだろう。そうしたら1000ドルしか手に入らない。しかしもしBの箱だけを開ければ、同じくあなたの選択を予想している予言者はBに100万ドルを入れておくに違いない。だから当然、Bだけを開けるほうが正解だ。

他方、2つの箱派の主張も同じくらいはっきりしている。予言者はすでに2つの箱に入れている。いま何をしても、中身は変わりようがない。つまり、可能性は2つしかない。予言者はBに100万ドルを入れておくか、入れないかだ。

もしBの箱にお金を入れていたら、両方の箱を開けたほうがいいことになる。Bから100万ドルに加えて、Aから1000ドルも手に入る。もしBにお金が入っていなか

ったら、それでも両方開けたほうがいい。何もないよりは1000ドルがもらえる。いずれにしても、両方の箱を開けるべきだということになる。

パラドックス

ここでパラドックスに直面する。理論的に考えて、Bの箱だけ開けたほうがいい。一方で、両方の箱を開けるべきだという考えも、また理論的に正しいのである。

ニューカムのパラドックスを解く簡単な答えはない。簡単かどうかよりも、そもそも一般に受け入れられている解答自体がない。もちろん「1つの箱だけ開ける派」あるいは「2つの箱を開ける派」が単に自身の理論の妥当性を主張するだけでは足りない。相手の主張の瑕疵を指摘する必要がある。これが難しいのだ。

◆ チャレンジ

ニューカムの問題は、哲学にあまり興味のない人でも夢中になれる数少ない問題のひとつである。

あなたが「1つの箱だけ開ける派」だとする。「2つの箱を開ける派」の主張のおかしいところを見つけてみよう。

もし「2つの箱を開ける派」だとしたら、「1つの箱だけ開ける派」の主張のおかしいところを見つけてみよう。

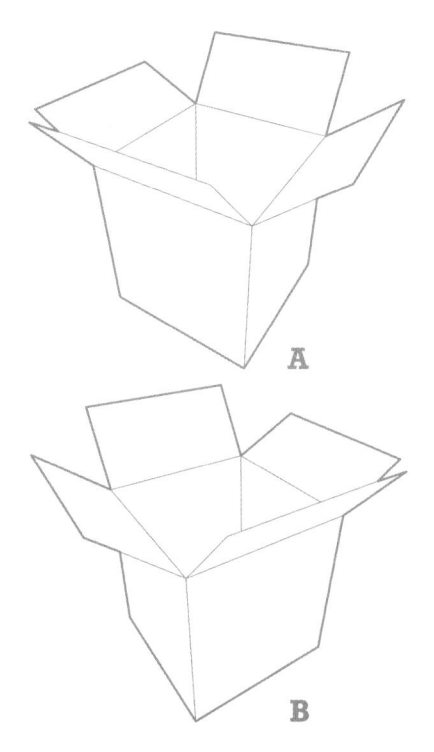

囚人のジレンマ　その1

　囚人のジレンマは古典的な難問で、ゲーム理論に由来する。個人の選択が吉と出るかどうかが他人の選択次第であるという状況において、利得を最大限にするにはどうしたらいいか。

ジレンマ

　あなたと私が何か犯罪事件で逮捕され、別々の部屋で取り調べを受けているとする。検察によれば、我々の刑期はそれぞれが罪を自白するかどうかにかかっている。そして4つの選択肢を示した。

（1）あなたが自白し、私がしない場合。あなたは無罪となり、私は懲役5年となる。
（2）私が自白し、あなたがしない場合。私は無罪となり、あなたは懲役5年となる。
（3）2人とも自白した場合。それぞれ懲役2年となる。
（4）2人とも自白しない場合。犯罪は証明されない。したがってより小さい罪で懲役6カ月となる。

　互いに相手がどんな判断をくだすか知ることはできない。
　さて、互いに相手がどうなろうといっさい無関心で、自分の刑期を短くすることだけを考えるとしよう。あなたはどうしたらいいだろう？　先に進む前に、答えを考えてみよう。

合理的な選択

　合理的な選択は自白することだ。どうして？　相手がどうしようと、あなたにとって自白することが最良の選択だからである。

　もし私が自白した場合。あなたが自白しなければ5年の刑になるが、あなたも自白すれば2年の刑になる。もし私が自白しなければ、あなたは自白で即時に自由の身だ。いずれにしても、自白したほうが得策である。

　しかしちょっと待ってほしい。自白することは確かに合理的な選択かもしれないが、マイナスの面もある。どういうことかわかるだろうか。

　つまり、あなたにとって合理的なことは、私にとっても合理的なのである。したがって私も自白するだろう。ということは、私たちはふたりとも懲役2年の刑に服するわけだ。もし私たちが協力して、ふたりとも黙っていたら6カ月の刑で済む。お互いにとってはそのほうがはるかによい結果である。

　ここにパラドックスがある。最も合理的な選択をすれば、私たちは最適下限の結果を得ることが予想される。つまり「合理的」選択は「非合理」といえるのではないか。自白する判断をくだせば2年の刑になるこ

とはわかっている。だとしたら黙っているほうが合理的なはずだ。

しかしそうではないのだ。「あなたはきっと黙っているだろう」と信じれば、私にとって自白するのが最良の策となる。そうすれば即座に解放される。

結局、逃れることはできない。合理的なことは自白することだ。そうすることで、与えられる刑は重くなるとしても。

実生活

囚人のジレンマから学ぶべき教訓は、こういうことだ。個人がただ自己の利益だけを考え、合理的な選択をすると、最終的に、相手と協力する場合よりもよくない結果を招く。

これは実社会にもいろいろと応用して考えることができる。オーストラリア人哲学者ピーター・シンガーは『私たちはどう生きるべきか』でラッシュアワーの例を挙げている。

都会でマイカー通勤する人は、道路の混雑でいろいろな問題に悩まされている。あなたもそうした通勤者だとする。自分ひとりが得をするなら、最もよいのはマイカー通勤である。バスよりはるかに早い。バスはドアツードアというわけにいかないし、ラッシュアワーの問題は解消されない。

他方、みんながバスに乗ることを決めたら、こちらのほうがはるかによい。バス便は増える（通勤でバスに乗る人が増えるから）し、道路の混雑が緩和され、バスはより速く快適なサービスを提供できる。

合理的に利己的な選択をすると、協力している場合よりも得られる結果は小さいのである。

実生活での例

上の例で、もしみんながバスに乗るという集団的決定を下したら、あなたひとり車を運転するほうが得なのではないか。道路を走る車は少ないわけだし、バス停で待つ必要もない。

囚人のジレンマが考えるヒントを与えてくれるようなほかの実生活の状況を考えてみよう。例えば漁業割当や二酸化炭素排出量削減の問題などだ。

囚人のジレンマ　その２

前ページで説明した囚人のジレンマは憂鬱で気がめいる話だった。自分の利益を優先させて合理的な選択をすると誰にとってもマイナスになる、ということをいやというほど見せつけられたようだ。

合理的な利己心は結局よくない結果しか招かないのだろうか。非協力につながり、負―負の状況になってしまうのだろうか。

さいわい、そうではない。ある状況においては、合理的な利己心が協力につながり、その結果みなプラスの結果を得る。これは囚人のジレンマに対するひとつの解答になるかもしれない。

繰り返される囚人のジレンマ ●

囚人のジレンマが、もしより短い刑期を得たプレイヤーが勝ちとなるゲームであるとするならば、合理的な戦略は自白することしかない。相手が何をしようと、これが最良の選択である。この戦略をとれば負けることはない。

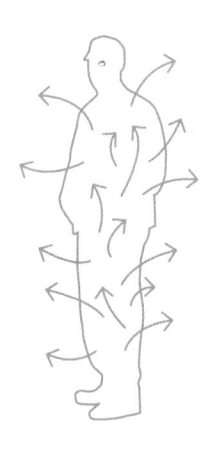

しかし、このゲームでプレイヤーが囚人のジレンマを繰り返し演じるとしたら——それぞれの刑期を積算するのだとしたらどうなるだろう。あるいは総当たり戦で、全体の数字が最も低いプレイヤーの勝ちだとしたら？

このほうがはるかに面白い。１回ごとよりも、戦略がきめこまかく複雑になるだろう。しかも、合計の数字という点では、自白しないで相手と協力したほうが有利に働くこともあるのだ。

実際、オンライン上でさまざまな戦略をやってみることが可能である。「囚人のジレンマ」と検索してみればいい。自分で作り出すことも可能だ。さあ、やってみよう。どんなことになるだろうか。

しっぺ返し ●

1970年、社会理論家ロバート・アクセルロッドはまさにこうした総当たり戦をおこなった。意思決定とゲーム理論の専門家に呼びかけ、戦略を提出してもらい、それをコンピュータに読み込ませた。そして次々に戦略を用いて対戦（あるいは協力）させていった。

14通りの戦略が提出された。非常に単純なものもあれば、きわめて複雑なものもあった。互いの協力を基盤にした、好ましい戦略もあれば、自白を有利とする意地の悪い戦略もあった。

結果的に、明らかな勝者は最も単純な戦

略であることがわかった。「しっぺ返し」と呼ばれるもので、2つのルールしかない。
- もうひとりのプレイヤーと最初に対戦したときは、常に協力する。
- そのあとに同じプレイヤーと対戦するときは、前におこなったことをそっくり繰り返す。

しっぺ返しは「好ましい」戦略である。初めは協力し、もしそれでよいことが起これば、その後も協力し続ける。しかし、ただ気が弱いのではない。怒れば報復する。しかし、いつでも相手を許す用意があり、相手のプレイヤーの行為がそれに値すれば、協力関係を再開する。

そう考えてみると、囚人のジレンマは、それほど憂鬱な話でないかもしれない。確かに、1回限りのゲームであれば利己的な戦略をとることが必要になり、全員にとってマイナスの結果になる。しかし囚人のジレンマを繰り返せば、実は協力こそ──少なくとも、それに値する相手とは──合理的で利己的な選択であることだとわかる。

魚心あれば……

しっぺ返し戦略は現実の状況にもうまく応用できる。協力するかしないかという決定は1回限りのことではなく、何度も繰り返し起こる。この場合、協力することはしばしば自分たちの利益になる。しかしそれは、先方がお返しに快く協力してくれる場合に限ってのことだ。

例えば、あなたの車が故障してしまい、近くの修理工場まで押していく手助けが必要になったとする。私がたいした博愛主義者でなくても、あなたを助ける価値はあるだろう。おそらく今度は私があなたの助けを必要とするだろうから。

そういうとき、もしあなたが助けてくれたら、相互協力関係の好循環にうまくはまることになる。しかしもし助けてくれなかったら……二度とお願いしてくるな、ということだ！

昔は納屋の棟上げの習慣があった。コミュニティの中で誰かが納屋を建てるとみんながその家に集い、協力して棟上げをして飲み食いする。広い意味で「協力したほうが利己的な意味で得になる」いい例だろう。

考えよう

イエスはこうおっしゃった。「だれかがあなたの右の頬を打つなら、左の頬をも向けなさい……求める者には与えなさい。あなたから借りようとする者に、背を向けてはならない」（マタイによる福音書5：39-42）

繰り返し型の囚人のジレンマにおいて、これは「常に協力」戦略にひとしい。これはしっぺ返し戦略よりはるかに効果が弱いことが明らかになっている。

しかし、実世界ではどうだろう？　もう一方の頬を向けることは、他人と対するときに有用で持続可能な戦略になりうるだろうか。

第8章　決意と行動

Profile

エピクロス

エピクロス（紀元前341〜270年）はアテナイの植民地サモス島に生まれた。人生のほとんどをアテナイあるいはその近郊で過ごす。当時、アテナイは憂鬱な場所だった。かつて発展した民主主義も専制政治に移行してしまい、政情は不安定で、多くのアテナイ人が懐疑主義と絶望に陥っていた。しかしエピクロスは違った。彼は陰鬱な環境にあっても幸福でいられるような生き方をひたすらに探し続けた。

快楽の追求

エピクロスによれば、人生の目的は快楽を追求し、苦痛を避けることで幸福を実現することであった。（この立場は快楽主義：ヘドニズムとして知られる。162〜163ページ参照）

一見したところ、これは耽溺を勧めているように思える。当時の人たちもそうとらえた。エピクロスや弟子たちのことを「暴飲暴食し性的にも堕落した生活を送っている」と非難した。

しかし、こうした批判は実際まったく的外れなものだった。確かにエピクロスは快楽の追求を支持していたが、快楽の中には苦痛にいたるものもあり、避けるべきであるとも理解していた。

好きなだけ食べればその場は楽しいかもしれないが、腹痛や病気のもとになる。あびるように酒を飲むのも愉快だろうが、二日酔いは苦しい。富と権力はたいへんけっこうなことだが、それにつきもののストレスや不安に悩むほどの甲斐はない。

エピクロスが勧める快楽は単純で長続きする。つまり健康的な食事、友人とのつきあい、簡素でストレスのない生活様式である。放縦はこの項目には入らない。

「贅沢な快楽を軽蔑する。それはそれ自身がどうこうというのではなく、それをするとあとで不便きわまりない結果になるからだ」とエピクロスは書いている。

この哲学は非常に説得力があり、エピクロスにはあっというまに弟子ができた。弟子たちは彼の思想を熱心に実践していた。自給自足のコミュニティを作り、都市の外に住み、ともに簡素で幸せなくらしを営んだ。外部の人からは「庭園学派」と呼ばれた。

苦痛と恐怖を避ける

エピクロスによれば、苦痛を避けることは快楽を追求することと同様に重要である。悩み、恐怖、ストレス、不安にさいなまれていたら、幸せな生活という我々の目標を達成することはできない。

エピクロスは、人間を不幸にする最大の源は神々への恐れと死の恐怖だと述べている。しかしいずれの場合も、我々の恐怖や恐れは根拠がないものだという。どうしてか?

まず、神々を恐れる必要はない。なぜなら、たとえ神が存在しているとしても人間の問題には関わらないからだ。我々が神々の怒りを招くことはありえない。

さらに、死を恐れる必要もない。死はすなわち肉体と魂が滅することであるから。墓に入れば感情も意識も存在しない。したがって、苦痛を感じることはありえない。「悪の中で最も恐れられる死は我々にはまったく関係がない。というのは、我々が生きている限り、死は存在しない。死が存在するとき、我々はすでにこの世にいないのだ」。

みながこの議論で慰められるわけではないが、エピクロスは確かにこう考えて安心できた。彼は終生、病に苦しめられ、結果的にそれがもとでなくなったが、臨終の日、友人にこう書いた。「人生でこの幸せな日、死の床からこの手紙を君に送る。膀胱と胃の病は悪化の一方だ……しかしそれにもかかわらず、私はきみとの会話を思い出して喜びで胸がいっぱいだ」。

エピクロスのパラドックス

エピクロスは悪という問題を取り上げ、世の苦しみと神の慈悲を両立させることの難しさを初めて論じた哲学者と認められている。そのため、悪についての問題はよくエピクロスのパラドックスとして言及される。

デイヴィッド・ヒューム（1711～1776年）は著書『自然宗教に関する対話』でエピクロスのパラドックスを見事に述べている。

「神は悪が起こらないようにするつもりがあってもできないのか？ それなら神は不能ということになる。悪を防げるのにそうしたくないのか？ それなら、神には悪意があることになる。神は悪を防げるし防ごうとするのか？ それなら悪はどこにあるのか」。

第8章　決意と行動

快楽主義のパラドックス

ギリシャ哲学者エピクロスは、幸福こそが人生の究極の目標であるとし、それを達成する道は快楽を求め苦痛を避けることだと考えた。こうした思想を「快楽主義（ヘドニズム）」という。

幸福の追求

実際、幸福はそんなにたやすく手に入るものではない。一生懸命つかもうとすればするほど指の間をすり抜けてしまうものだ。C・P・スノウはこう述べた。「幸福の追求などというのはばかげた文言だ。幸福を追求しても見つかりはしない」。

私、ゲイリー・ヘイデンも、自身の経験からそのとおりだと思う。何年か前、妻と1年の休みをとり、旅行に行った。英国の家を離れ、アメリカ合衆国、ニュージーランド、オーストラリア、シンガポール、マレーシアとまわった。まさに快楽主義者の夢だ——遊び、快楽、精神的な学びに丸1年を費やすということだ。

しかし何か予期しないことが起こった。旅行に出たばかりの頃、私は自分がどれほど幸せかを確かめたくて始終イライラしていた。グランドキャニオンを見て、こう確かめようとした。「世界的に有名なグランドキャニオンを見ている。私は十分楽しめているだろうか？」

オーストラリアのウルル（エアーズロック）でも同じだった。ニュージーランドの温泉でもそうだった。ナイアガラの滝では、そのことが気になって1日を棒に振るくらいだった。

そんなことが重なって、自分の感情を分析するのはやめることにした。それには意思の力が必要だったが、だんだんと自分の注意を内部でなく外部に向けるようになった。グレートバリアリーフについた頃には、すっかりその技が身についていた。その日は自分のことでなく、サンゴ礁やサメや魚に集中した。そして楽しい1日を過ごした。

ミルの幸福論

同じようなことを英国の哲学者ジョン・スチュワート・ミル（1806〜1873年）が簡潔にまとめている。

「自分が幸せかどうか尋ねたら、その時点で幸せでなくなる」。

このコメントがミルのものだということは、なおのこと興味深い。彼はかつて哲学者ジェレミー・ベンサム（1748〜1832年）の弟子だった。ベンサムは並外れた快楽主義者である。エピクロスのように、彼も幸福と快楽を同等と考えた。そして幸せな人生とは、快楽が苦痛を上回るような、簡素な暮らしであると考えた。

彼はさらに、幸福計算を発明している。ある行動が引き起こしそうな快楽と苦痛の量を計算する方法である。このアプローチは人々に受け入れられ、おかげで、幸福の追求が合理的、論理的に（注意深く計算すればの話だが）到達可能に思えた。

したがって、一見したところ、ジョン・スチュワート・ミルほど幸福に価値を置いていた人はいないように見える。知的で高い教育を受けた彼は、ベンサムの原理を知り、理解し、応用できた。しかし20歳で、半年もの間、苦悩の時を過ごすことになる。

この間、ジェレミー・ベンサムから学んだ高度に合理的な快楽追求／苦痛回避の幸福へのアプローチをもってしても、不幸から抜け出すことはできなかった。実際、彼が腑に落ち、必要としていた「心の薬」となったのはウィリアム・ワーズワースの詩だったのだ。

この経験により、ミルは幸福に対する考えを改めた。彼が得た識見とは、「自分の幸福以外の目的、例えば他人の幸福、人類の進歩、あるいは何か芸術や研究に心をしっかりと定めている人が幸福である……こうして何かほかのことを目標とすることで、ついでに幸福を見つけるのだ」。何かほかの事を求めることで初めて幸福に到達できるというこの認識は、しばしば快楽主義のパラドックス（幸福のパラドックス）と呼ばれる。

◆ 考えてみよう

自分が幸せになることのリストを作ってみよう。例えば、好きなスポーツをする、趣味に打ち込む、子どもと過ごす、友人とつきあう、など。

そして自分に次の質問をしてほしい。幸せになれるからそれをするのか？　それとも、それをするから幸せなのだろうか。

第8章　決意と行動

8 決めること、行動すること

問題

不寛容は「耐えがたい」ことだ。したがって、不寛容を耐えてはいけないことになる。同時に、不寛容を耐えなければならないことにもなる。というのは、不寛容に屈するとしたら耐えがたいからだ。耐えがたいことを耐えることはできない。しかし不寛容の人のレベルに自分を落として同じようなふるまいをしないように、我々は耐えがたいことを耐えなければならない。このパラドックスを論破して、先に述べたことが道徳的なたわごとであることを証明せよ。

解き方

正確にいえば、何かに耐えるということは、それに異論があり、しかしまだ許せる範囲内だと思い、受け入れることである。寛容は異論、受容、受容の暗示された限界（あるいは拒否の初め）という3つの要素からなる。それぞれの要素が必要であり、それぞれの面からパラドックスが生まれる。もし「耐えている」というのなら、何か間違いだと思っているということになる。だから、何かを耐えるときには、みずから間違っていると思うことを受け入れているわけだ。もし耐えるのが正しいことだと思うならば、耐えないことのほうが間違っていると思う。しかし、道徳的に間違っていることを耐えるのは道徳的に正しいといえるだろうか。これが受容のパラドックスである。

ある種の人種差別主義者がいるとする。自分たちはほかの人種より優れていると思い、できることなら自分より劣っている（と思う）すべての人種を抑圧したい。しかし、その能力がないからか、仕返しを恐れてか、逮捕投獄を予想してか、彼らは自分を抑えている。見たところ寛容であればあるほど、彼らはますます自分をほかより優れていると思い、ほかの人種を抑圧してもいいと考える。パラドックスだが、悪徳が増すことで美徳が強まるようなものだ。

寛容に関する3つ目のパラドックスは限界を決める必要からくる。それ以上は耐えられないという閾を決めるということだ。そうした限界がなければ、寛容は美徳ではなく、誰にもゆるく接しているというだけだ。また、閾を決めるということは、その閾を超えるすべてのものに対して不寛容だということである。したがって、寛容の技術は原則として不寛容を必要とする。

解決策

ここに挙げたパラドックスはいずれも純粋なパラドックスというよりも錯覚であり、「寛容」という明確な意味を不注意に混乱させたことから生じている。

受容のパラドックスは、順番の異なる道徳的理由をきちんと区別することで解決できる。受容と拒否は可変費用をともない、耐えられるかどうかは程度の問題である。そのため、ある状況が多かれ少なかれ耐えがたいものになりうる。いずれにしても耐えがたくなれば終わらせなければならない。わざわざやめるまでもないだろう。原則の中には破れないものもあれば、破っていいものもある。実際的にも原則的にも破ることを認めたほうが賢明な場合もある。したがって同じ理由（しかしより高次の理由）で受け入れられない、あるいは異論を持っている限り、異論を持っていることを受け入れることには本来的な問題はない。

寛容な人種主義者のパラドックスは、寛容につきものの異論につけこんでいる。耐えるというからには、異論を持っていなければならない。実際、異論を唱えれば唱えるほど、徳が高いように見える。この自制は、不寛容な人による寛容、悪の美徳というパラドックスな面を帯びる。それでも、倫理的美徳ではない。この状況で、これは倫理的義務と呼べるかもしれない。美徳は称賛や尊敬に値するが、それよりも倫理的義務として予想されるのがふさわしい。そのときでも、義務のための義務というよりも、彼らの抑制は義務に従っている。というのは、それはせいぜい慎重で役に立つからでしかなく、まったく倫理的ではない。したがって、寛容な人種差別者が寛容だといえるのは、もし寛容が倫理的な美徳でない場合だけである。

そのうえ、美徳は決して行動で定義されるものでなく、内面的な要素である。憎悪を表に出すことを防ぐのはよいことだし、正しいかもしれないが、あとで憎悪や不寛容の度合いが増すならば、よいことでも正しいことでもない。いくらよいことで正しいことにせよ、憎悪を持たないことのほうがよいし、道徳的にもはるかに素晴らしい。それが寛容の美徳を増すことだ。人種差別者には自制心より克己心が求められる。

3つ目のパラドックスは、どこまで寛容にするかという限界を踏み出すことなく決めることの必要性と不可能性に関わる。何かを「耐えられる」というのは、ある点を超えたら拒否しますよと警告していることだ。しかしこのパラドックスもまた、義務（破ってはいけない原理）と美徳（道徳的に素晴らしく、義務以上であり、義務を超えている）を区別することで解決される。不寛容な人は倫理的原則を破っているのだから、他人がそれを耐えてはいけない。義務をおこたる人に耐えられないと同じである。しかし「不寛容な人を耐えよ」と命じるのは義務としてではない。精神的な力と忍耐力のすべて、同情と理解のすべて——一言でいえば美徳のすべてが求められているのである。

索引：哲学者

ザクセンのアルベルト
1316年頃～1390年
国籍：ドイツ
主な仕事：
『*Treatise on Proportions*』
『*Very Useful Logic*』
関連ページ：無限の板と無限の立方体（74ページ）

アリストテレス
紀元前384～322年
国籍：ギリシャ
主な仕事：『ニコマコス倫理学』『形而上学』『霊魂論』
関連ページ：エウブリデスのパラドックス（36～37ページ）

アウレリウス・アウグスティヌス（ヒッポのアウグスティヌス）
354～430年
国籍：タガステ（現アルジェリア）
主な仕事：『告白』『神の国』
関連ページ：神の予知と人間の自由意志（152～153ページ）

ロバート・アクセルロッド
1943年～
国籍：アメリカ
主な仕事：『つきあい方の科学』
関連ページ：繰り返し型囚人のジレンマ（158～159ページ）

ステファン・バナッハ（数学者）
1892～1945年
国籍：ポーランド
主な仕事：「部分的に合同な点集合の分解」
関連ページ：バナッハ-タルスキのパラドックス（144～145ページ）

ジェレミー・ベンサム
1748～1832年
国籍：イギリス
主な仕事：『道徳および立法の諸原理序説』
関連ページ：快楽主義のパラドックス（162～163ページ）

ダニエル・ベルヌーイ（数学者）
1700～1782年
国籍：スイス
主な仕事：「リスクの測定に関する新しい理論」
関連ページ：サンクトペテルブルクのパラドックス（106～107ページ）

ニコラス・ベルヌーイⅡ（数学者）
1695～1726年
国籍：スイス
関連ページ：サンクトペテルブルクのパラドックス（106～107ページ）

ジャン・ビュリダン
1295年頃～1358年
国籍：フランス
主な仕事：『*Sum of Dialectic*』
関連ページ：ビュリダンのロバ（150ページ）、ビュリダンの橋（151ページ）

ゲオルク・カントール（数学者）
1845～1918年
国籍：ドイツ
主な仕事：「超限集合論の基礎に対する寄与」
関連ページ：無限集合との比較（78～79、84、86ページ）

クリュシッポス
紀元前280年頃～207年
国籍：ギリシャ
関連ページ：クリュシッポスのワニ（151ページ）

荘子
紀元前4世紀頃
国籍：中国
主な仕事：『荘子』
関連ページ：胡蝶の夢（16ページ）

マルクス・トゥッリウス・キケロ
紀元前106～43年
国籍：ローマ
主な仕事：『宿命について』『予言について』『神々の本性について』
関連ページ：エウブリデスについて（36ページ）、神の予知と人間の自由意志（152～153ページ）

オーガスタス・ド・モルガン（数学者）
1806～1871年
国籍：イギリス
主な仕事：
『三角法と二重代数』

関連ページ：モルガンの証明（68〜69ページ）

ルネ・デカルト
1596〜1650年
国籍：フランス
主な仕事：『方法序説』『省察』
関連ページ：知識について（14〜15、17、58ページ）、神の不可能性（142〜143ページ）

アルバート・アインシュタイン
1879〜1955年
国籍：ドイツ系アメリカ
主な仕事：「運動物体の電気力学」「物体の慣性は、その物体に含まれるエネルギーに依存するか」
関連ページ：タイムトラベルのパラドックス（122〜127ページ）

エピクロス
紀元前341〜270年
国籍：ギリシャ
主な仕事：『教説と手紙』
関連ページ：エピクロスのパラドックス（161ページ）

エウブリデス
紀元前4世紀頃
国籍：ギリシャ
関連ページ：『砂山のパラドックス』など（36〜37ページ）

ユークリッド（エウクレイデス）〔数学者〕
紀元前300年頃
国籍：ギリシャ
主な仕事：『原論』
関連ページ：素数のパラドックス（72〜73ページ）

ピエール・ド・フェルマー〔数学者〕
1601〜1665年
国籍：フランス
主な仕事：確率論（パスカルとの文通において）

ガリレオ・ガリレイ
1564〜1642年
国籍：イタリア
主な仕事：『二大世界体系にかんする対話』『新科学対話』
関連ページ：ガリレオのパラドックス（76〜79ページ）

クルト・ゲーデル
1906〜1978年
国籍：オーストリア系アメリカ
主な仕事：「不完全性定理」
関連ページ：不完全性定理（62〜63ページ）

ネルソン・グッドマン
1906〜1998年
国籍：アメリカ
主な仕事：『現われの構造』『事実・虚構・予言』『世界制作の方法』
関連ページ：帰納法の新しい謎（24〜25ページ）

コンスタンティン・グートバーレット
1837〜1928年
国籍：ドイツ
主な仕事：『弁神論』
関連ページ：カントールへの反論（80ページ）

フェリックス・ハウスドルフ〔数学者〕
1868〜1942年
国籍：ドイツ
主な仕事：『集合論の基礎』
関連ページ：バナッハ-タルスキのパラドックス（144〜145ページ）

スティーヴン・ホーキング〔物理学者〕
1942年〜
国籍：イギリス
主な仕事：『ホーキング、宇宙を語る』
関連ページ：タイムトラベルの法則（128ページ）

カール・グスターヴ・ヘンペル
1905〜1997年
国籍：ドイツ系アメリカ
主な仕事：『確証の論理の研究』
関連ページ：ヘンペルのパラドックス（22〜23ページ）

ヘラクレイトス
紀元前535年頃〜475年頃
国籍：ギリシャ

主な仕事:『自然について』
関連ページ:ヘラクレイトスの川（34〜35ページ）

ダフィット・ヒルベルト
1862〜1943年
国籍:ドイツ
主な仕事:『無限論』
関連ページ:ヒルベルトのホテル（82〜83ページ）

デイヴィッド・ヒューム
1711〜1776年
国籍:スコットランド
主な仕事:『人性論』『自然宗教に関する対話』
関連ページ:ヒュームのフォーク（20〜21ページ）

ウィリアム・ジェームズ
1842〜1910年
国籍:アメリカ
主な仕事:『心理学の根本問題』
関連ページ:対話的自己（59ページ）

エトムント・ランダウ（数学者）
1877〜1938年
国籍:ドイツ
主な仕事:『解析の基礎』『微分積分学』『数論入門』
関連ページ:2つの封筒のパラドックス（102〜105ページ）

ジョン・ロック
1632〜1704年
国籍:イギリス
主な仕事:『人間悟性論』

ジョン・スチュワート・ミル
1806〜1873年
国籍:イギリス
主な仕事:『自由論』『功利主義論』
関連ページ:幸福について（162〜163ページ）

G・E・ムーア
1873〜1958年
国籍:イギリス
主な仕事:『倫理学原理』『観念論の論駁』
関連ページ:ムーアのパラドックス（12ページ）

アイザック・ニュートン〔物理学者〕
1643〜1727年
国籍:イギリス
主な仕事:『自然哲学の数学的諸原理』
関連ページ:タイムトラベルのパラドックス（122〜123ページ）

ロバート・ノージック
1938〜2002年
国籍:アメリカ
主な仕事:『アナーキー・国家・ユートピア』『考えることを考える』
関連ページ:ニューカムのパラドックス（154〜155ページ）

パルメニデス
紀元前5世紀頃

国籍:ギリシャ
主な仕事:
『The Way of Truth』『The Way of Seeming』
関連ページ:運動のパラドックス（114〜119ページ）

ブレーズ・パスカル
1623〜1662年
国籍:フランス
主な仕事:『パンセ』
関連ページ:パスカルの賭け（108〜109ページ）

プラトン
紀元前428〜348年
国籍:ギリシャ
主な仕事:『国家』『ソクラテスの弁明』『饗宴』『テアイテトス』
関連ページ:現実の性質（16ページ）

ウィラード・ヴァン・オーマン・クワイン
1908〜2000年
国籍:アメリカ
主な仕事:
『On What There Is』
関連ページ:言及のパラドックス（52〜53ページ）

オスカー・ロイテスバルト〔芸術家〕
1915〜2002年
国籍:スウェーデン
主な仕事:「ペンローズの三角形」

バートランド・ラッセル
1872〜1970年
国籍：イギリス
主な仕事：『西洋哲学史』『数学の原理』『哲学入門』
関連ページ：集合論とラッセルのパラドックス（114〜115ページ）

アルトゥル・ショーペンハウアー
1788〜1860年
国籍：ドイツ
主な仕事：『意志と表象としての世界』

ピーター・シンガー
1946年〜
国籍：オーストラリア
主な仕事：『動物の解放』『私たちはどう生きるべきか』
関連ページ：囚人のジレンマ（156〜159ページ）

ソクラテス
紀元前469年頃〜399年
国籍：ギリシャ
主な仕事：『ソクラテスの弁明』（プラトン著）

スティーブン・スティグラー〔統計学者〕
1941年〜
国籍：アメリカ
主な仕事：「スティグラーの命名法則」
関連ページ：スティグラーの命名法則（58ページ）

アルフレト・タルスキ〔数学者〕
1901〜1983年
国籍：ポーランド
主な仕事：「部分的に合同な点集合の分解」
関連ページ：バナッハ-タルスキのパラドックス（144〜145ページ）

サービト・イブン・クッラ〔天文学者・数学者〕
826〜901年
国籍：アラビア（現トルコ）
関連ページ：無限の性質（75ページ）

ルートヴィヒ・ウィトゲンシュタイン
1889〜1951年
国籍：オーストリア
主な仕事：『論理哲学論考』『哲学探究』
関連ページ：ムーアのパラドックス（12ページ）、ウィトゲンシュタインからの質問（135ページ）

エレアのゼノン
紀元前490年頃〜430年
国籍：ギリシャ
関連ページ：運動のパラドックス（114〜121ページ）

索引：哲学者

索引

あ行

曖昧さ	40–41
アインシュタイン、アルバート	122–124, 126, 167
アキレスと亀	7, 116
悪	161
アクセルロッド、ロバート	158, 166
悪魔のフォーク	139
アリストテレス	14, 36, 116, 166
石のパラドックス	142–143
ウィトゲンシュタイン、ルートヴィヒ	12, 135, 169
嘘つきのパラドックス	37, 60–61
囚人のジレンマ	156–159
運命論	150
エアリー、G・B	49
エアリーの箱	49
エウブリデス	36–43, 167
エーレクトラー	36
エネルギー保存の法則	134
エピクロス	160–162, 167
エレアのゼノン	7, 114–121, 169

か行

快楽主義（ヘドニズム）	160, 162–163
快楽主義のパラドックス	162–163
確率	92–109
可算無限	85
カフカ、グレゴリー	147
神々のパラドックス	130–131
カラスのパラドックス	22–23
ガリレオ・ガリレイ	76, 167
ガリレオのパラドックス	7, 76–79
カントール、ゲオルク	78–79, 80–81, 84, 86–87, 166
消えた1ドル札	70–71
キケロ	36, 152–153, 166
奇跡	13, 142–143
基礎の公理	56
基礎の公理が成り立たない集合	56–57
帰納法	21–25
ギャンブラーの誤謬	92–93
競技場のパラドックス	118–19, 120, 121
グートバーレット、コンスタンティン	80, 167
くじのパラドックス	18–19
グッドマン、ネルソン	24, 167
クッラ、サービト・イブン	75, 169
クリュシッポス	166
クリュシッポスのワニ	151
グルーのパラドックス	24–25
グレゴリー、リチャード・L	138
クロネッカー、レオポルト	80–81
クワイン、ウィラード・ヴァン・オーマン	53, 168
ケイブ、ピーター	13
ゲーデル、クルト	62–63, 126, 134, 167
ゲーム理論	156
決定論	150
言及	52–63
恋人のロジック	48–49
コイン投げ	92, 93, 94, 106–107
絞首刑のパラドックス	48, 50
光速	124
幸福	160, 162–163
幸福計算	162
胡蝶の夢	16–17

さ行

ザクセンのアルベルト	74, 166
サバント、マリリン・ボス	99
サンクトペテルブルクのパラドックス	106–107
算術三角形論	108
ジーンズ、ジェームズ	144
ジェームズ、ウィリアム	59, 168
時間的閉曲線	126
自己言及	54–55, 58–59
自己内省	58
自然種	25
しっぺ返し	158
視野闘争	140
自由意志	150, 152–153
集合	56–57, 78–79, 81
シュレーディンガーの猫	16
ショーペンハウアー、アルトゥル	122, 169
シンガー、ピーター	157
信念	12–13, 18–19, 109, 143
推移性	136–137
スーパータスク	120–121
スティグラーの法則	58
スティグラー、スティーブン	58, 169
ステレオスコープ	140
砂山のパラドックス	37, 38, 40, 42–43
スノウ、C・P	162
すべての馬は同じ色	39
正当化された信念	18
セインズベリー、R・M	6
セネカ	36
全能	142
荘子	16, 166
相対性理論	122–126, 134
ソーン、キップ	127
ソクラテス	34, 114, 117, 169
素数	72, 83
祖父のパラドックス	128

た行

大脳皮質	31
タイムトラベル	124–129
多値論理	43
タルスキ、アルフレト	144, 169
探求への抵抗	40
誕生日問題	96–97
知識というパラドックス	128–129
角のパラドックス	37
ティプラー、フランク	127
デカルト、ルネ	14–15, 17, 58, 143, 167
テセウスの船	30–33
トムソン、ジェームズ・F	120

トムソンのランプ 120
トライバー 138–139
泥のついた子ども 44–45

な行

二値論理 61
ニューカム、ウィリアム・A 154
ニューカムのパラドックス 154–155
ニュートン、アイザック 123, 168
認識論的懐疑 20
抜き打ち試験のパラドックス 50
ネアルコス 114
ネッカーの立方体 141
ノージック、ロバート 154, 168

は行

ハーディ、G・H 73
排中律 61
背理法 72–73
ハウスドルフ、フェリックス 145, 167
禿げ頭のパラドックス 37, 38, 40, 42–43
パスカルの賭け 108–109
パスカルの三角形 108
パスカル、ブレーズ 13, 108, 168
ハッドン、マーク 98
バナッハ、ステファン 144, 166
バナッハ-タルスキのパラドックス 144–145
パブロフの犬 48
パルメニデス 114, 119, 168
万物流転の法則 35
ヒッポのアウグスティヌス 152–153, 166
ヒューム、デイヴィッド 20–21, 161, 168
ヒュームのフォーク 20–21
ビュリダン、ジャン 150, 166
ビュリダンの橋 151
ビュリダンのロバ 150
美容室のパラドックス 26–27
ヒルベルト、ダーフィト 81, 168
ヒルベルトのホテル 82–83
フードを被った男のパラドックス 36

フェルマー、ピエール・ド 108, 167
不可能 134–135, 138–139, 141
不可能なもの 134, 138–141
不完全性定理 62
双子のパラドックス 124–125
2つの封筒のパラドックス 102–105
プラシーボ・パラドックス 13
ブラックホール 127
プラトン 16, 34, 168
プルタルコス 30
分数と無限 84–85
平方数 7, 76–77
ヘーゲル、ゲオルク 59, 167
ヘラクレイトス 34, 35, 114, 167
ヘラクレイトスの川 34–35
ヘラクレイトスのパラドックス 34–35
ベルヌーイ、ダニエル 106, 166
ベルヌーイ、ニコラス 106, 166
ベンサム、ジェレミー 162–163, 166
ヘンペル、カール・ギュスターヴ 22–23, 167
ヘンペルのパラドックス 22–23
ペンローズの三角形 138–139
包摂公理 57
方法的懐疑 14–15
ホーキング、スティーブン 128, 167
ホワイト、アラン・R 116–117

ま行

マス目のパラドックス 51
豆と太陽 144–145
ミル、ジョン・スチュワート 162–163, 168
無意味 135
ムーア、G・E 12, 168
ムーアのパラドックス 12–13
無限 74–87
無限小数 86
名刺のパラドックス 48
命題 61, 73
モルガンの証明 68–69
モンティ・ホール問題 98–101

や行

ヤブローのパラドックス 64–65
ユークリッド 72–73, 167
有理数 84–85
夢と現実 16–17
予期しない絞首刑のパラドックス 50–51

ら行

ラエルティオス、ディオゲネス 36
ラッセル、バートランド 57, 114, 152, 169
ランダウ、エトムント 102, 168
リシャールのパラドックス 88–89
両義図形 141
レイヴンのパラドックス 22–23
連鎖式パラドックス 37–38, 42–43
ロイテルスバルト、オスカー 138, 169
ロック、ジョン 125, 144, 168
論理のパラドックス 48–49

わ行

ワーズワース、ウィリアム 163

参考文献

はじめに——パラドックスとは何か

Sainsbury, R. M. (1995) *Paradoxes* (second edition). Cambridge: Cambridge University Press.

第1章 知っていること、信じていること

Ayer, A. J. (2000) *Hume: A Very Short Introduction (Very Short Introductions)*. Oxford: Oxford University Press.

Clark, M. (2007) *Paradoxes from A to Z* (second edition). New York: Routledge.

Cornman, J. W., Lehrer, K., and Pappas, G. S. (1991) *Philosophical Problems and Arguments: an Introduction*. Indianapolis: Hackett Publishing.

Descartes, R. (2003) *Meditations and Other Metaphysical Writings* (tr. Clarke, D.M). London: Penguin Classics.

Fearne, N. (2002) *Zeno and the Tortoise: How to Think Like a Philosopher*. London: Atlantic Books.

Graham, R. (2006) *The Great Infidel: A Life of David Hume*. East Linton: Tuckwell Press.

Hume, D. (2004) *An Enquiry Concerning Human Understanding*. New York: Dover Publications.

Hume, D. (1990) *Dialogues Concerning Natural Religion*. London: Penguin Classics.

James, W. (2003) *The Will to Believe, and Other Essays in Popular Philosophy*. New York: Dover Publications.

Jones, G., Hayward, J, and Cardinal, D. (2005) *The Meditations: Rene Descartes (Philosophy in Focus)*. London: Hodder Murray.

Leiber, J. (1993) *Paradoxes*. London: Gerald Duckworth & Co. Ltd.

Magee, B. (1988) *The Great Philosophers*. Oxford: Oxford University Press.

Moeller, H. G. (2004) *Daoism Explained: From the Dream of the Butterfly to the Fishnet Allegory*. Chicago: Open Court Publishing.

Plato. (1997) *Complete Works* (ed. Hutchinson, D.S.). Indianapolis: Hackett Publishing.

Russell, B. (2004) *History of Western Philosophy* (second edition). London: Routledge Classics.

Schilpp, P.A. (ed.) (1952) *The Philosophy of G. E. Moore* (second edition). New York: Tudor Publishing.

Warburton, N. (2004) *Philosophy the Basics* (fourth edition). London: Routledge.

第2章 曖昧さとアイデンティティ

Clark, M. (2007) *Paradoxes from A to Z* (second edition). New York: Routledge.

Cohen, M. (2007) *101 Philosophy Problems*. London: Routledge.

Fox, M. A. A New Look at Personal Identity. *Philosophy Now*, 62, July/August 2007.

"Heraclitus" from the Stanford Internet Encyclopedia of Philosophy, online version (www.stanford.edu) 2008.

Moline, J. (1969) Aristotle, Eubulides and the Sorites. *Mind*, 78, 393-407.

Noonan, H. W. (2003) *Personal Identity* (second edition). London: Routledge.

Plato. (1997) *Complete Works* (ed. Hutchinson, D.S.). Indianapolis: Hackett Publishing.

Read, S. (1995) *Thinking About Logic: An Introduction to the Philosophy of Logic*. Oxford: Oxford University Press.

Sorensen, R. (2003) *A Brief History of the Paradox*. Oxford: Oxford University Press.

"Sorites Paradox" from the Stanford Internet Encyclopedia of Philosophy, online version (www.stanford.edu) 2008.

Waterfield, R. (ed.). (2000) *The First Philosophers: The Presocratics and Sophists*. Oxford: Oxford University Press.

Williamson, T. (1996) *Vagueness*. London: Routledge.

第3章 論理と真理

Davis, M. (ed.) (2004) *The Undecidable: Basic Papers on*

Undecidable Propostions, Unsolvable Problems and Computable Functions. New York: Dover Publications.

Descartes, R. (2003) *Meditations and Other Metaphysical Writings* (tr. Clarke, D.M). London: Penguin Classics.

Gödel, K. (2003) *On Formally Undecidable Propositions of "Principia Mathematica" and Related Systems.* New York: Dover Publications.

Grattan-Guinness, I. (1998) Structural Similarity or Structuralism? Comments on Priest's Analysis of the Paradoxes of Self-Reference. *Mind*, 107, 823-834

Hegel, G. (1998) *Science of Logic* (tr. Miller, A.V.). New York: Prometheus Books.

Hothersall, D. (2004) *History of Psychology* (fourth edition). New York: McGraw-Hill

James, W. (1957) *Principles of Psychology: Volume 1* (new edition). New York: Dover Publications.

Jeans, J. (1942). *Physics and Philosophy.* Cambridge: Cambridge University Press.

Locke, J. (1996) *An Essay Concerning Human Understanding.* Indianapolis: Hackett Publishing.

Picard, M. (2007). *This is Not a Book: Adventures in Popular Philosophy.* New York: Metro Books/London: Continuum Books/Crows Nest: Allen & Unwin.

Quine, W. V. (1980) *From a Logical Point of View: Nine Logico-philosophical Essays* (second edition). Cambridge, Mass.: Harvard University Press.

Quine, W. V. (1976) On a Supposed Antinomy in *The Ways of Paradox, and Other Essays.* Cambridge, Mass.: Harvard University Press.

Reach. K. (1938) The name relation and the logical antinomies. *Journal of Symbolic Logic*, 3, 97-111.

Russell, B. (1908) Mathematical Logic as Based on the Theory of Types. *American Journal of Mathematics*, 30, 3, 222-262

Russell, B. (1905) On Denoting. *Mind*, 14, 56, 479-493.

Russell, B. (1996) *The Principles of Mathematics.* New York: W.W. Norton & Co.

Sainsbury, R. M. (1988) *Paradoxes.* Cambridge: Cambridge University Press.

Shen Yuting. (1955) Two Semantical Paradoxes. *Journal of Symbolic Logic*, 20 (2), 11-120.

Smullyan, R. (1985) *To Mock a Mockingbird.* Oxford: Oxford University Press.

Sorensen, R. A. (1982). Recalcitrant Variations of the Predication Paradox. *Australasian Journal of Philosophy*, 60, 355-62.

第4章　数学的パラドックス

Barrow, J. D. (2005) *The Infinite Book: A Short Guide to the Boundless, Timeless and Endless.* New York: Vintage, Random House.

Bunch, B. (1997) *Mathematical Fallacies and Paradoxes.* New York: Dover Publications.

Clark, M. (2007) *Paradoxes from A to Z* (second edition). New York: Routledge.

De Morgan, A. (2007) *A Budget of Paradoxes.* New York: Cosimo Inc.

Everdell, W. R. (1998) *The First Moderns: Profiles in the Origins of Twentieth-Century Thought.* Chicago: University of Chicago Press.

Galilei, G. (2003) *Dialogues Concerning Two New Sciences* (tr. Crew, H. and de Salvio, A.). New York: Dover Publications.

Hughes, P. and Brecht, G. (1978) *Vicious Circles and Infinity: an Anthology of Paradoxes.* London: Penguin.

Kaplan, R. and Kaplan, E. (2003) *The Art of the Infinite: Our Lost Language of Numbers.* London: Penguin.

Russell, B. (2007) *Introduction to Mathematical Philosophy.* New York: Routledge.

Weston, A. (2001) *A Rulebook for Arguments* (third edition). Indianapolis: Hackett Publishing.

第5章　確率のパラドックス

Bunch, B. (1997) *Mathematical Fallacies and Paradoxes.* New York: Dover Publications.

Clark, M. (2007) *Paradoxes from A to Z* (second edition). New York: Routledge.

Gardner, M. (1986) *Knotted Doughnuts and Other Mathematical Entertainments.* New York: W. H. Freeman and Co.

Haddon, M. (2004) *The Curious Incident of the Dog in the Night-Time.* New York: Red Fox, Random House.

Haigh, J. (1999). *Taking Chances*. Oxford: Oxford University Press.

Hammond, N. (ed.) (2003) *The Cambridge Companion to Pascal*. Cambridge: Cambridge University Press.

Leiber, J. (1993) *Paradoxes*. London: Gerald Duckworth & Co. Ltd.

Mackie, J. M. (1982) *The Miracle of Theism: Arguments for and Against the Existence of God*. Oxford: Oxford University Press.

Martin, R. (2004) The St. Petersburg Paradox, from *The Stanford Encyclopedia of Philosophy* (ed. Zalta, E. N.). Stanford: Stanford University.

Pascal, B. (1995) *Pensées* (tr. Krailsheimer, A. J.). London: Penguin.

Rumsey, D. (2006) *Probability for Dummies*. Chichester: John Wiley & Sons.

Sorensen, R. A. (2003) *A Brief History of the Paradox*. Oxford: Oxford University Press.

Stewart, I. (2003) *The Magical Maze: Seeing the World through Mathematical Eyes*. Chichester: John Wiley & Sons.

Tijms, H. (2007) *Understanding Probability: Chance Rules in Everyday Life* (second edition). Cambridge: Cambridge University Press.

vos Savant, Marilyn (1990). Ask Marilyn, *Parade Magazine*, 16.

Warburton, N. (2004) *Philosophy the Basics* (fourth edition). London: Routledge.

第6章　空間と時間

Barnes, J. (1989) *The Presocratic Philosophers*. London: Routledge

Bunch, B. (1997) *Mathematical Fallacies and Paradoxes*. New York: Dover Publications.

Calle, C. I. (2005) *Einstein for Dummies*. Chichester: John Wiley & Sons.

Davies, P. (2002) *How to Build a Time Machine*. London: Penguin.

Deutsch, D. and Lockwood, M. (1994) The Quantum Physics of Time Travel. *Scientific American*, 270, 3, 68-74.

Fearne, N. (2002) *Zeno and the Tortoise: How to Think Like a Philosopher*. London: Atlantic Books.

Gott, R. (2002) *Time Travel in Einstein's Universe*. London: Phoenix, Orion.

Hughes, P. and Brecht, G. (1978) *Vicious Circles and Infinity: an Anthology of Paradoxes*. London: Penguin.

Lewis, D. (1993) The Paradoxes of Time Travel, from *The Philosophy of Time* (ed. le Poidevin, R. and MacBeath, M). Oxford: Oxford University Press.

McMahon, D. (2006) *Relativity Demystified*. New York: McGraw-Hill

Russell, B. (1997) *ABC of Relativity*. London: Routledge.

Russell, B. (2004) *History of Western Philosophy* (second edition). London: Routledge Classics.

Sainsbury, R. M. (1995) *Paradoxes* (second edition). Cambridge: Cambridge University Press.

Sorensen, R. A. (2003) *A Brief History of the Paradox*. Oxford: Oxford University Press.

Waterfield, R. (ed.) (2000) *The First Philosophers: The Presocratics and Sophists*. Oxford: Oxford University Press.

第7章　不可能性

Barrow, J. D. (1998) *Impossibility: the Limits of Science and the Science of Limits*. Oxford: Oxford University Press.

Heamekers, M. http://im-possible.info/english/art/sculpture/hemaekers_unity.html. Website of Vlad Alexeev http://im-possible.info/russian/art/reutersvard/reut3.html

Ehrenstein, W. (1930) Untersuchungen über Figur-Grund-Fragen. *Zeitschrift für Psychologie*, 117, 339-412.

Freidman, D. and Cycowicz, Y. (2006) Repetition Priming of Possible and Impossible Objects from ERP and Behavioral Perspectives. *Psychophysiology*, 43, 569-78.

Gregory, R. L. (1970) *The Intelligent Eye*. London: Wiedenfeld and Nicolson.

Shuwairi, S. M., Albert, M. K., and Johnson, S. P. (2002) Discrimination of Possible and Impossible Objects in Infancy. *Psychological Science*, 18 (4), 303-7.

Stewart, I. (1995) Paradox of the Spheres. *New Scientist*, Jan 14, 28-31.

Wagon, S. (1985) *The Banach-Tarski Paradox*. Cambridge: Cambridge University Press.

Wapner, L. M. (2005) *The Pea and the Sun: A Mathematical Paradox*. Wellesley, Mass.: A.K. Peters.

第8章　決意と行動

Augustine. (1872) *The City of God, Book V, from The Works of Aurelius Augustine* (ed. Dods. M.) Edinburgh: T & T Clark.

Axelrod, R. (2006) *The Evolution of Cooperation*. New York: Basic Books.

Chadwick, H. (2001) *Augustine: A Very Short Introduction (Very Short Introductions)*. Oxford: Oxford University Press.

Clark, M. (2007) *Paradoxes from A to Z* (second edition). New York: Routledge.

Epicurus. (1993) *Essential Epicurus: Letters, Principal Doctrines, Vatican Sayings and Fragments* (tr. O'Connor, E. M.). New York: Prometheus Books.

"Foreknowledge and Free Will" from the Stanford Internet Encyclopedia of Philosophy, online version (www.stanford.edu) 2008.

Gardner, M. (1986) *Knotted Doughnuts and Other Mathematical Entertainments*. New York: W. H. Freeman and Co.

Hume, D. (1990) *Dialogues Concerning Natural Religion*. London: Penguin Classics.

Klima, G. (2008) *John Buridan (Great Medieval Thinkers)*. Oxford: Oxford University Press.

Leiber, J. (1993) *Paradoxes*. London: Gerald Duckworth & Co. Ltd.

Mill, J. S. (1944) *Autobiography of John Stuart Mill*. New York: Columbia University Press.

Nozick, R. (1969) Newcomb's Problem and Two Principles of Choice, from *Essays in Honor of Carl G. Hempel: A Tribute on the Occasion of His Sixty-Fifth Birthday* (ed. Rescher, N.). Norwell: Kluwer Academic Publishers.

Russell, B. (1997) *The Art of Philosophizing and Other Essays*. Lanham: Littlefield, Adams.

Russell, B. (2004) *History of Western Philosophy* (second edition). London: Routledge Classics.

Sainsbury, R. M. (1995) *Paradoxes* (second edition). Cambridge: Cambridge University Press.

Singer, P. (1997) *How Are We to Live?* Oxford: Oxford University Press.

Sorensen, R. A. (2003) *A Brief History of the Paradox*. Oxford: Oxford University Press.

図画版権

すべてのイラスト © Quid Publishing
17ページ（左）© Shutterstock | Kaspri
17ページ（右）© Shutterstock | Ivcandy
25ページ © Shutterstock | D.O.F
41ページ © Shutterstock | kavring
57ページ（上）© Shutterstock | Christian Delbert
57ページ（下）© Shutterstock | RTimages
59ページ © Shutterstock | andersphoto
70ページ © Shutterstock | Watthano
83ページ © Shutterstock | Nickolay Khoroshkov
94ページ © Shutterstock | Boule
95ページ © Shutterstock | kurhan
107ページ（左）© Shutterstock | anaken2012
107ページ（右）© Shutterstock | SVLuma
121ページ © Shutterstock | kurhan Drinevskaya Olga
129ページ（上・下）© Shutterstock | Nattika
129ページ（中央）© Shutterstock | Wojtek Jarco
150ページ © Shutterstock | Ruth Black

【著者】ゲイリー・ヘイデン　　Gary Hayden

ベトナム・ホーチミン市を拠点に活動するフリーライター。大学では物理学と哲学を専攻。科学・哲学的概念を一般読者にわかりやすく伝えることを得意とする。『タイムズ教育情報付録』(タイムズ専門冊子)『スコッツマン』(エディンバラの新聞)『マキシム』『ストレーツ・タイムズ』(シンガポール最大の新聞)をはじめとする世界各地の新聞・雑誌に寄稿している。本書では第1、2、4、5、6、8章を担当。

【著者】マイケル・ピカード　　Michael Picard

MITで学んだ哲学者、作家、ビクトリア大学(カナダ)講師。ロイヤル・ローズ大学(カナダ)兼任教授。数理論理学と分析哲学を修め、心理学や哲学に関する講座からリーダーシップ論、環境マネジメント、経営といった実務寄りのものまで幅広いジャンルで登壇している。12年続く哲学の勉強会「カフェ・フィロソフィー」設立者のひとり。本書では第3、7章および全コラムを担当。

【訳者】鈴木淑美（すずき・としみ）

翻訳家。上智大学英語科卒。慶應義塾大学大学院博士課程単位取得退学。『交渉に使えるテクニック ＣＩＡ流 真実を引き出すテクニック』(創元社)、『ＪＦＫ 未完の人生』(松柏社)など訳書多数。関西を中心に翻訳家養成スクール「プローシェンヌ」主宰。

翻訳協力：野中裕美、渡邉智子（プローシェンヌ）

おもしろパラドックス──古典的名作から日常生活の問題まで

2016年3月10日第1版第1刷　発行

著　者	ゲイリー・ヘイデン、マイケル・ピカード
訳　者	鈴木淑美
発行者	矢部敬一
発行所	株式会社 創元社

http://www.sogensha.co.jp/
本社 〒541-0047 大阪市中央区淡路町4-3-6
Tel.06-6231-9010　Fax.06-6233-3111
東京支店 〒162-0825 東京都新宿区神楽坂4-3 煉瓦塔ビル
Tel.03-3269-1051

組版・装丁	寺村隆史

© 2016, Printed in China　ISBN978-4-422-41425-6 C0041

〔検印廃止〕
本書の全部または一部を無断で複写・複製することを禁じます。
落丁・乱丁のときはお取り替えいたします。

JCOPY 〈(社)出版者著作権管理機構 委託出版物〉
本書の無断複写は著作権法上での例外を除き禁じられています。
複写される場合は、そのつど事前に、(社)出版者著作権管理機構
(電話 03-3513-6969、FAX 03-3513-6979、e-mail: info@jcopy.or.jp)
の許諾を得てください。